德宏 珍稀濒危保护植物

The Rare, Endangered and Conserved Plants of Dehong, Yunnan, China

刀保辉　刘　冰　杨新凯　主编

德宏傣族景颇族自治州林业局
中国科学院植物研究所
云南铜壁关省级自然保护区管护局

科学出版社
北　京

内 容 简 介

本书以图文并茂的形式介绍了云南省德宏傣族景颇族自治州的珍稀濒危保护植物，共计76科128属146种（含亚种、变种），并注明了国家保护等级、云南省保护等级、IUCN评估等级及德宏极小种群，可以为林业部门相关人员鉴别珍稀濒危保护植物提供参考，并对维持德宏州的植物多样性，以及保护、发展和合理开发利用植物资源具有重要意义。

本书可供科研单位、高等院校及各级农林牧业、园艺园林、珍稀濒危植物保护管理部门使用，也可作为海关、商检等部门的基本资料和参考。

图书在版编目（CIP）数据

德宏珍稀濒危保护植物 / 刀保辉，刘冰，杨新凯主编 . — 北京：科学出版社，2018.6

ISBN 978-7-03-056734-5

Ⅰ. ①德… Ⅱ. ①刀… ②刘… ③杨… Ⅲ. ①珍稀植物 – 濒危植物 – 德宏傣族景颇族自治州 – 图集 Ⅳ. ① Q948.527.43-64

中国版本图书馆 CIP 数据核字 (2018) 第 045707 号

责任编辑：王海光　王 好 / 责任校对：郑金红
责任印刷：肖 兴 / 装帧设计：赛百科

科 学 出 版 社 出版
北京东黄城根北街 16 号
邮政编码 :100717
http://www.sciencep.com

北京汇瑞嘉合文化发展有限公司 印刷
科学出版社发行　各地新华书店经销

*

2018 年 6 月第 一 版　开本：890 × 1240 1/32
2018 年 6 月第一次印刷　印张：6 5/8
2020 年 9 月第二次印刷　字数：208 000

定价：180. 00 元

（如有印装质量问题，我社负责调换）

《德宏珍稀濒危保护植物》
编辑委员会

盈江县那邦榕树王（高榕 *Ficus altissima*）

序

我国地处欧亚大陆东部，幅员辽阔，气候多样，地势起伏，在这山峦重叠、河流交错的国土上，孕育着多姿多态的生物物种，其中仅维管植物就有3万余种，且不乏我国特有植物及濒危植物。

对植物种类进行详细记述的分类学专著，就是植物志书。从20世纪50年代至今，历经四代人的不懈努力，倾注300余位中国分类学者的心血，详载植物3万余种，80卷126册的《中国植物志》已完成，另有各省、区、市编写的地方植物志，也不在少数。在后植物志时代，如何将植物科学知识普及大众，如何保护当前环境中岌岌可危的濒危物种，是当代植物学家的重任。珍稀濒危植物是自然生态系统的重要组成部分，是宝贵的自然资源和战略资源，具有很高的生态、经济、文化和社会价值，在保护生物多样性、维护生态平衡、发展生物产业、满足人类物质文化需求等方面发挥着重要作用。

德宏傣族景颇族自治州（以下简称“德宏州”）地处滇西的中缅边境地带，属热带北缘，拥有中国最西的热带雨林，其生物多样性在滇西地区是最具特色和独一无二的。德宏州基层林业工作者多年来坚守当地的绿水青山和一草一木，使“美丽生态德宏”建设取得显著成效，各类保护地面积占全州面积的9.27%，森林覆盖率达68.97%，均高于全省和全国的平均水平。

《德宏珍稀濒危保护植物》一书以通俗的形式将濒危植物的现状介绍给大众，可以提高公众对保护植物的认知度，推进“美丽生态德宏”建设，同时也为林业工作者野外辨识植物提供参考，并为德宏州的林业保护工作和生态文明建设提供有益的基础资料。

因欣而作荐，庶望早日付梓。

王文采

2017年8月31日

盈江县那邦龙脑香科植物最集中的热带雨林

前　言

德宏州是我国半常绿季雨林最有代表性的地区，具有丰富的生物物种资源，分布着许多珍稀濒危植物和特有种，其中不少种是具有中国和世界意义的关键群类。有许多印缅区系的植物成分，在我国就只分布于这一地区，而不再往东分布，如云南娑罗双（*Shorea assamica*）、云南无忧花（*Saraca griffithiana*）、少苞买麻藤（*Gnetum gnemon* var. *brunonianum*）、滇藏榄（*Diploknema yunnanensis*）、尖叶铁青树（*Olax acuminata*）、马蛋果（*Gynocardia odorata*）、分叉露兜（*Pandanus furcatus*）、二裂瓦里棕（*Wallichia disticha*）、滇西蛇皮果（*Salacca griffithii*）、六列山槟榔（*Pinanga hexasticha*）、直立省藤（*Calamus erectus*）、盈江羽唇兰（*Ornithochilus yingjiangensis*）等。因此德宏州是我国乃至世界生物多样性最重要的地区之一。

2014～2017年，德宏州林业局与中国科学院植物研究所联合在德宏州的5个县（市）进行数次野外考察，涉及热带季雨林、中亚热带常绿阔叶林、亚高山针阔混交林、高山草甸、高山沼泽等多种生境，共采集标本959号、1800余份，分子材料959份。在调查中发现了云南省及德宏州新纪录属斜翼属（*Plagiopteron*，卫矛科，曾独立为斜翼科），葡萄科中国新纪录属葡萄瓮属（*Cyphostemma*）及德宏州特有新种德宏葡萄瓮（*Cyphostemma dehongense*），这是中国有关该属的首次报道，在德宏亚热带季雨林生态系统中占据重要生态位。与东南亚地区相比，中国葡萄科的研究相对系统，葡萄瓮属在中国的发现确定了对德宏进行更为深入的多样性调查的意义，为生物多样性保护提供了依据。

连续4年的调查进一步摸清了德宏州珍稀濒危保护植物资源的家底，基本查明了德宏州分布的珍稀濒危保护植物。在此，我们汇集了其中76科128属的146种（含亚种、变种）珍稀濒危，以及国家和云南省保护植物，编成《德宏珍稀濒危保护植物》一书，目的是为广大林业工作者鉴别珍稀濒危保护植物提供参考；并对今后保护、发展和合理开发利用植物资源、进行国际交流、开展森林旅游，以及维持德宏州植物多样性的维持和保护濒危植物具有重要意义。

本书所载的国家级保护植物主要根据包括：1999年9月9日国家林业局和农业部联合颁布的《国家重点保护野生植物名录（第一批）》、1996年国务院发布的《中华人民共和国野生植物保护条例》所附“国家重点保护野生植物名录”、1987年国家环境保护局和中国科学院植物研究所编辑出版的《中国珍稀濒危保护植物名录》（第一册）及1989年由国家环境保护局主持、中国科学院植物研究所主编的《中国珍稀濒危植物》；省级重点保护植物依据云南省人民政府1989年2月公布的《云南省第一批省级重点保护野生植物名录》。书中各科的分类系统分别为：蕨类植物按PPG I系统（2016），裸子植物按Christenhusz系统（2011），被子植物采用APG IV系统（2016），其中与传统系统的不一致的科归属情况，均在备注中做了说明。科下种类均按拉丁字母顺序排列。

本书的野外工作和出版得到了国家自然科学基金重大项目（31590822）的资助。本书的收集整理工作得到了德宏州野生动植物保护管理委员会办公室、云南铜壁关省级自然保护区管理局、各县（市）林业局野保办的大力支持。参与外业调查20余人。本书图片除主编、副主编及编写人员外，中国植物图像库签约摄影师张宪春、徐晔春、朱鑫鑫、朱仁斌以及蒋蕾、周欣欣也为本书提供了部分植物照片。中国科学院昆明植物研究所彭华研究员、西南林业大学杜凡教授为本书审稿。在此一并表示衷心的感谢。由于时间仓促，且编者水平有限，书中难免有错误、遗漏和不足，敬请读者批评指正。

编　者

2017年5月18日

盈江国家湿地公园

国家Ⅱ级保护植物云南娑罗双 *Shorea assamica*

目　　录

芒市黑河老坡原始森林

第一章　德宏州自然环境概况

一、地理概况

德宏州地处祖国西南云岭边陲、云南省西部，高黎贡山南麓，属滇西峡谷区。位于北纬23° 50′ ~ 25° 20′、东经97° 31′ ~ 98° 43′。其东和东北与保山地区的龙陵县、腾冲市毗邻，南、西和西北与缅甸接壤。全州除梁河县外均有国境线，国境线长达503.8 km，全州绝大多数村寨与缅甸毗邻。全州东西最大横距122 km，南北最大纵距170 km，总面积111.72万hm^2。德宏州地形北高南低，最高海拔是3404.6 m的大雪山，最低海拔是210 m的那邦河谷。德宏州首府驻地芒市，州府陆距省会昆明649 km，空距427 km。

二、气候

德宏州紧靠北回归线附近，所处纬度低，受印度洋西南季风影响，属于南亚热带季风气候，东北面的高黎贡山挡住西伯利亚南下的干冷气流入境，入夏有印度洋的暖湿气流沿西南倾斜的山地迎风坡上升，形成丰沛的自然降水，加之低纬度高原地带太阳入射角度大，空气透明度好，是全国的光照高质区之一，全年太阳辐射在137 ~ 143 cal/cm^2，年降雨量1400 ~ 1700 mm，年平均气温在18.4 ~ 20℃。气候特点是冬无严寒，夏无酷暑，雨量充沛，雨热同期，干冷同季，年温差小，日温差大，霜期短、霜日少。得天独厚的气候条件为多种作物提供了良好的生长和越冬环境，造就了德宏极高的物种丰富度。

三、地质地貌

德宏州地处云贵高原西部横断山脉的南延部分，高黎贡山的西部山脉延伸入德宏境内形成东北高而陡峻，西南低而宽缓的切割高原地貌。德宏州全境是以中低山山地为主，山地面积占89%，盆坝平地河谷占11%。德宏州海拔高低悬殊，山谷、河流、盆谷走向一致，并呈相间平行排列势态，展现了两山夹一峡谷、一条河、一个盆坝的地貌特征。地表景观由“三山”（大娘山、打鹰山、高黎贡山尾部山脉）、“三江”（怒江、大盈江、瑞丽江）、“四河”（芒市河、南畹河、户撒河、芒东河）和大小不等的28个河谷盆地（坝子）构成。

盈江县大娘山中山湿性常绿阔叶林

盈江县苏典中山湿性常绿阔叶林

四、土壤

德宏州地域不大，经度与纬度的跨度仅一度多，从平面看差异不大。但因地形起伏大，相对高差3194.6 m，光、温、水、湿、热辐射等条件极不相同，因此对分布在不同高度上土地的风化影响不同，形成发育的土壤类型也就不同，并有明显的垂直带谱，同时受成土母质和地形、地貌与开发利用等的影响，形成不同的土类。

全州农用地可分为7个地带性土类，5个区域性土类，18个亚类，49个土属，50个土种。主要有7个地带性土类，分别为亚高山草甸土、棕壤土、黄棕壤土、黄壤土、红壤土、赤红壤土和砖红壤土；5个区域性土类，分别为石灰土、紫色土、潮土、沼泽地和水稻土。土壤偏酸性，多数土壤pH为5.3。

五、林业资源现状

德宏州林地面积85.13万hm^2，占全州总面积的76.2%，森林面积76.85万hm^2，其中：乔木林面积73.11万hm^2，竹林面积1.84万hm^2，灌木经济林面积1.88万hm^2，其它0.02万hm^2。活立木总蓄积量8069.46万m^3，森林蓄积8033.56万m^3，森林覆盖率68.78%，绿化率70.26%。

六、植物区系特点

1. 植物种类异常丰富。德宏州有高等植物318科1886属6032种（含变种、亚种和变型），占全国总种数的22.3%，占云南省总种数的33.5%。其中，苔藓植物33科56种，蕨类植物42科235种，裸子植物10科50种，被子植物233科5691种；原生植物5414种，栽培植物618种。德宏州范围内有国家级保护植物98种，占我国正式公布的国家级保护植物389种的25.2%，占云南省内分布的国家级保护植物159种的61.6%；省级保护植物64种，占云南省公布的省级保护植物218种的29.4%。

2. 地理成分多样复杂、具有广泛的联系性。根据吴征镒院士关于中国种子植物属的分布区类型的划分，在所有15个分布区类型和31个变型中，除环极分布等8种变型未曾发现外，所有15个分布区类型和其余23个变型都可在德宏州内找到。

3. 具有强烈的亚洲热带性质。以铜壁关自然保护区为例，在种子植物的1229属中，热带性质的属有925属，其中热带亚洲分布的类型有324属，占了热带属的35%，是区内数量最多的地理成分，它们构成了保护区内以东南亚典型热带科龙脑香科为标志的热带雨林的各种主要群落成分。

4. 具有丰富的温带成分，尤其是东亚成分。在海拔2000 m以上，分布了丰富的温带成分，其温带类型的属达到294属，其中东亚分布区类型有107属，是温带分布区类型中数量最多的属。这种

芒市茎菜坝森林夏景

芒市茎菜坝森林秋景

情况是云南其他热带地区所不及的。

5. 具有丰富的地区特有植物。据初步统计，为德宏州所有而不见于我国其他热带地区，甚至不见于世界其他热带地区的植物有 100 余种，如鹿角蕨（*Platyceruum wallichii*）、大果藤黄（*Garcinia pedunculata*）、萼翅藤（*Calycopteris floribunda*）和碟环慈竹（*Dendrocalamus patellaris*）等。

6. 有不少新分布的植物种类被发现。以下是其中一些较重要的代表。

在调查中发现了云南省及德宏州的新纪录属斜翼属 *Plagiopteron*（卫矛科，曾独立为斜翼科），中国新纪录属葡萄瓮属 *Cyphostemma* 及德宏州特有的新种德宏葡萄瓮 *Cyphostemma dehongense* L. M. Lu & V. C. Dang （葡萄科），这是中国有关该属的首次报道。

盖裂木 *Talauma hodgsonii* Hook. f. & Thomson：以往仅发现于不丹、尼泊尔及缅甸北部，我国西藏南部和云南绿春，我们这次在盈江芒线发现。

海南榄仁 *Terminalia hainanensis* Exell：以往仅发现于海南的海南岛，为云南新分布。

翅苹婆 *Pterygota alata* (Roxb.) R. Br.：以往仅发现于海南岛和滇南勐腊，为滇西新分布。

大果人面子 *Dracontomelon macrocarpum* H. L. Li：为滇西新分布。

翅叶木 *Pauldopia ghorta* (Buch.-Ham. ex G. Don) Steenis：为滇西新分布。

隐翼木 *Crypteronia paniculata* Blume：以往仅发现于沧源、版纳、滇东南，为滇西新分布。

云南黄连 *Coptis teeta* Wall.：以往仅发现于高黎贡山东坡，为滇西新分布。

大花香水月季 *Rosa odorata* var. *gigantea* (Crép.) Rehd. & Wils.：以往仅发现于滇中及贵州等地，为云南新分布。

龙眼 *Dimocarpus longan* Lour.：以往仅发现于滇南、滇东南，为滇西新分布。

瘿椒树 *Tapiscia sinensis* Oliv.：以往仅发现于滇东北的大关县及省外长江以南，为云南新分布。

菲律宾朴树 *Celtis philippensis* Blanco：以往仅发现于滇南勐腊、沧源、耿马等地，为滇西新分布。

云南黏木 *Ixonanthes cochinchinensis* Pierre：以往仅发现滇南、滇东南，为滇西新分布。

发现的这些新分布点，它们通常在我国或云南的其他地方也是极其少见的，这些物种不论从科学意义上还是今后的开发利用上都有极大的价值，是一个十分难得的物种宝库，应引起有关方面的足够重视。

许多重要种类不断被发掘出来证明德宏州包含了复杂的生态系统，汇聚了许多珍稀物种，具有丰富的物种总量，丰富的生态系统类型；有较高水平的特有现象，许多植物种类在这里被命名问世，还是我国模式标本重要产地之一。汇集着具有特殊价值或重要意义的物种；维护着这里热带半常绿

芒市产量最高的大苞鞘石斛
Dendrobium wardianum

报春石斛
Dendrobium polyanthum

鼓槌石斛
Dendrobium chrysotoxum

季雨林生态系统所依赖的关键生态过程；保护着物种及其遗传变异的多样性，保护生态系统的生产能力和维护对物种持续利用所必需的栖息地。此外，也是科研、教学、实习和培训的基地。

七、美丽生态德宏宣言

德宏州委、州政府历来重视生态文明建设，2016 年 11 月 4 日在芒市举办第一届美丽生态德宏论坛，会议成果显著，德宏州各级党委、政府和社会各界人士共同发布《美丽生态德宏宣言》。

1. 以科学发展观为指导，以生态文明建设为目标，坚持造林绿化，坚守生态保护，尊重自然、顺应自然、保护自然，使自然少受人为干扰。

2. 遵守生态文明的国家环境政策，正确处理环境约束与发展需求之间的关系，转变发展方式，遵循“绿色发展、绿色产业、绿色品牌、循环经济、环境保护、低碳节能”的社会责任，合理有效地利用有限的自然资源。

3. 加强生态环境保护，严格保护好生态公益林、湿地、自然保护区和天然商品林，加大对城市周围、村庄附近、库塘周边、江河沿岸的保护，建设美丽宜居城市和秀美乡村，不让优美环境受到破坏。

4. 加大德宏生物多样性保护的宣传教育力度，让全社会充分认识生物多样性的独特价值和地位，充分发挥各族人民参与保护的力量，广泛开展国际交流与合作，开放吸纳社会各界环保组织投入保护与建设，进一步提高全社会共同参与美丽生态德宏建设的自觉性和积极性。

5. 人类所需的一切均源于自然，人赖自然而生，自然生态环境没有替代产品，用之不存。我们要高举“创新、协调、绿色、开发、共享”大旗，走节约、智能、绿色、合作的生态友好型发展道路，创新绿色经济、推进生态文明、实现绿色转型、树立绿色价值观，用智慧和力量精心呵护我们拥有的丰富生物多样性和骄人的自然生态环境，为子孙后代留下可持续发展的资源环境。我们将用热情和坚守，携手所有有志于建设美丽生态德宏的人们，守护好绿水青山，为促进人与自然和谐，实现德宏生态与经济社会的可持续发展而努力奋斗。

迁地保育的德宏州特有植物

滇藏榄 *Diploknema yunnanensis*

芒市江东千年的一级保护古茶树

Camellia sinensis var. *assamica*

中国引种 117 年的古树

辣木 *Moringa oleifera*

芒市地标性植物（三棵树）国家一级保护古树高榕 *Ficus altissima*

芒市遮放千年的一级保护古树高榕 *Ficus altissima*

杧果 *Mangifera indica* 及其上附生的鹿角蕨 *Platycerium wallichii*

第二章　蕨类植物

瓶尔小草科 **Ophioglossaceae**

国家II级保护植物
EN(濒危)

七指蕨

Helminthostachys zeylanica (L.) Hook.

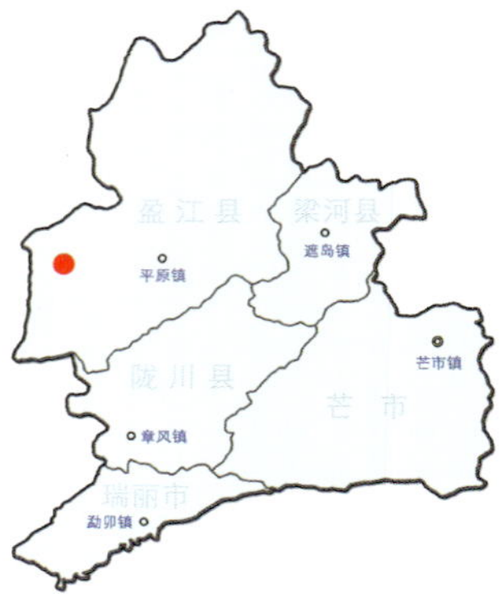

[形态] 根状茎横生，有很多肉质的粗根；靠近顶部生出一或二枚叶；叶柄绿色，草质，长 20~40 cm，叶片由三裂的营养叶片和一枚直立的孢子囊穗组成，自柄端彼此分离，营养叶片几乎三等分，每分由一枚顶生羽片和在它背面的 1~2 对侧生羽片组成，全叶片长宽 12~25 cm，宽掌状，各羽片长 10~18 cm；孢子囊穗单生，通常高出不育叶，柄长 6~8 cm，穗长 13 cm；孢子囊环生于囊托，形成细长圆柱形。

[分布] 产盈江；云南南部、台湾、海南；中南半岛、缅甸、印度北部、泰国、马来西亚、斯里兰卡、菲律宾、印度尼西亚至澳大利亚。

[生境] 生于湿润疏荫林下。

[备注] 本种传统上置于七指蕨科。

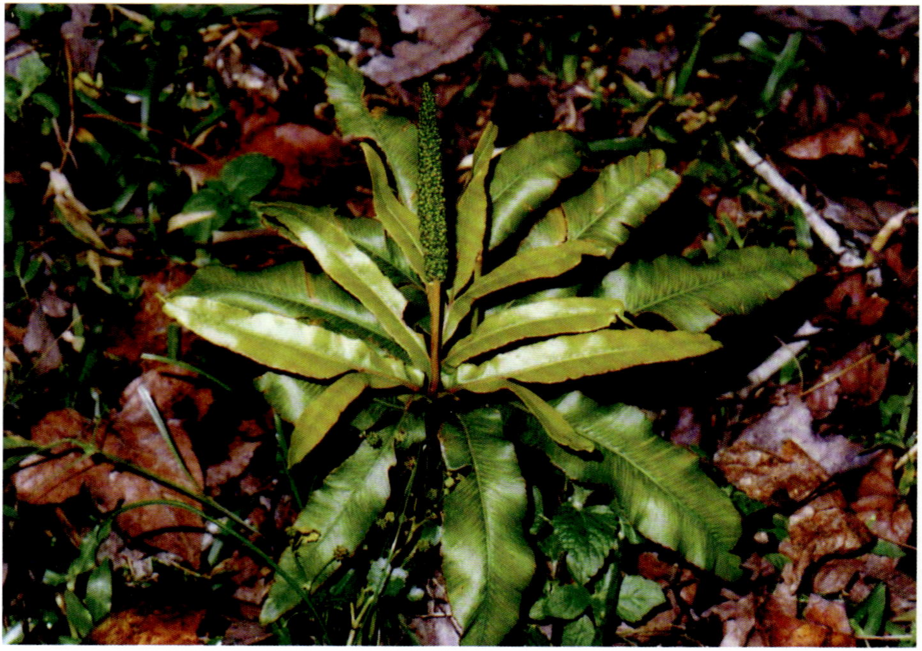

金毛狗

Cibotium barometz (L.) J. Sm.

[形态] 根状茎横生，粗大；顶端生出一丛大叶，柄长120 cm，粗2~3 cm，棕褐色，基部被有一大丛垫状的金黄色茸毛，长逾10 cm，有光泽，上部光滑；叶片大，长180 cm，广卵状三角形，三回羽状分裂，下部羽片为长圆形，长80 cm；小羽片长约15 cm，基部圆截形，羽状深裂几达小羽轴；孢子囊群在每一末回能育裂片1~5对，生于下部的小脉顶端，囊群盖坚硬，横长圆形，两瓣状，成熟时张开如蚌壳，露出孢子囊群。

[分布] 产全州各县市；贵州、四川南部、广东、广西、福建、台湾、海南、浙江、江西、湖南南部；印度、缅甸、泰国、中南半岛、马来西亚、琉球群岛及印度尼西亚。

[生境] 生于山麓沟边及林下阴处酸性土上。

[备注] 本种传统上置于蚌壳蕨科。

中华桫椤

Alsophila costularis Baker

[形态] 茎干高达 5 m；叶柄长 45 cm，近基部深红棕色，具短刺和疣突，基部的鳞片长 2 cm，宽约 1.5 mm，黑棕色，有光泽；叶片长 2 m，宽 1 m，长圆形，三回羽状深裂，羽片约 15 对；小羽片多达 30 对，无柄，平展，披针形，长 6~10 cm，宽 1.3~2 cm；孢子囊群着生于侧脉分叉处，靠近主脉，每裂片 3~6 对，囊群盖膜质，仅于主脉一侧附着在囊托基部，成熟时反折如鳞片状覆盖在主肋上，隔丝不较孢子囊长。

[分布] 产全州各县市；广西、云南、西藏东南部；不丹、印度、越南、缅甸、孟加拉国。

[生境] 生于海拔 700~2100 m 的沟谷林中。

桫椤科 **Cyatheaceae** 国家Ⅱ级保护植物

桫椤

Alsophila spinulosa (Wall. ex Hook.) R. M. Tryon

[形态] 茎干高达 6 m；叶螺旋状排列于茎顶端；叶柄长 30~50 cm，通常棕色或正面较淡，连同叶轴和羽轴有刺状突起，背面两侧各有一条不连续的皮孔线；叶片大，长圆形，长 1~2 m，宽 0.4~1.5 m，三回羽状深裂，羽片 17~20 对，互生，中部羽片二回羽状深裂；小羽片 18~20 对，中部的长 9~12 cm；孢子囊群生于侧脉分叉处，靠近中脉，有隔丝，囊托突起，囊群盖球形，膜质。

[分布] 产全州各县市；云南、福建、台湾、广东、海南、香港、广西、贵州、四川、重庆、江西；日本、越南、柬埔寨、泰国北部、缅甸、孟加拉国、不丹、尼泊尔、印度。

[生境] 生于海拔 260~1600 m 的山地溪傍或疏林中。

桫椤科 **Cyatheaceae** 国家II级保护植物

毛叶黑桫椤 毛叶桫椤

Gymnosphaera andersonii (Scott ex Bedd.) Ching & S. K. Wu

Alsophila andersonii Scott ex Bedd.

[形态] 茎干高 6~9 m；叶柄紫黑色，粗糙或有小疣突，具披针形的鳞片；羽片长达 70 cm，羽轴褐禾秆色；最大的小羽片通常长 12~14 cm，宽 2.5~3 cm，小脉 10~12 对，全为单一，裂片较薄，下部近全缘，疣部有小齿，略呈镰形，先端钝尖至钝圆形；孢子囊群小，微偏近主脉，无囊群盖，隔丝苍白色，细长，成熟时较孢子囊长。

[分布] 产芒市、瑞丽、盈江；云南、西藏东南部；不丹、印度东北部。

[生境] 生于海拔 700~1200 m 的山坡季雨林林缘。

大叶黑桫椤　大桫椤

Gymnosphaera gigantea (Wall. ex Hook.) J. Sm.

Alsophila gigantea Wall. ex Hook.

[形态] 茎干高 2~5 m；叶大型，叶柄长 1 m 多，粗糙，基部、腹面密被棕黑色鳞片；叶片三回羽裂，长圆形，长 50~60 cm 或以上；小羽片约 25 对，羽裂达二分之一至四分之三，小羽轴正面被毛，背面疏被小鳞片，裂片 12~15 对，主脉相距 4.5~6 mm，阔三角形，长 5~6 mm，基部宽 4~5 mm，向顶端稍变窄，钝头，边缘有浅钝齿；孢子囊群位于主脉与叶缘之间，排列成“V”形，无囊群盖，隔丝与孢子囊等长。

[分布] 产芒市、盈江；云南南部至东南部、广西、广东、海南；日本南部、爪哇、苏门答腊、马来半岛、越南、老挝、柬埔寨、缅甸、泰国、尼泊尔、印度。

[生境] 生于海拔 600~1000 m 的溪边密林下。

白桫椤

Sphaeropteris brunoniana (Hook.) R. M. Tryon

[形态] 茎干高达 20 m，中部以上直径 20 cm；叶柄禾秆色，常被白粉，长 50 cm，基部有小疣突，其余光滑；叶片大，长 3 m，宽 1.6 m，三回羽状深裂，叶轴光滑，羽片 20~30 对，斜展；小羽片条状披针形，长 9~14 cm，宽 2~3 cm，深裂至几全裂；每裂片有孢子囊群 7~9 对，位于叶缘与主脉之间，无囊群盖；隔丝发达与孢子囊几等长或长过于孢子囊。

[分布] 产芒市、瑞丽、盈江；西藏东南部、云南南部至东南部、海南；不丹、尼泊尔、印度北部、孟加拉国、缅甸、越南北部。

[生境] 生于海拔 500~1150 m 的常绿阔叶林缘、山沟谷底。

凤尾蕨科 **Pteridaceae**　　　　国家II级保护植物 VU(易危)

水蕨

Ceratopteris thalictroides (L.) Brongn.

[形态] 水生草本，由于水湿条件不同，形态差异较大，高可达 70 cm；根状茎短而直立，以一簇粗根着生于淤泥；叶簇生，二型；不育叶的柄长 3~40 cm，粗 10~13 cm，绿色，圆柱形，肉质，叶片直立或幼时漂浮，狭长圆形，长 6~30 cm，宽 3~15 cm，二至四回羽状深裂，裂片 5~8 对；能育叶的叶片长圆形或卵状三角形，二至三回羽状深裂；羽片 3~8 对；孢子囊沿能育叶的裂片主脉两侧的网眼着生，稀疏，棕色，成熟后多少张开，露出孢子囊。

[分布] 产全州各县市；广东、台湾、福建、江西、浙江、山东、江苏、安徽、湖北、四川、广西、云南；广布于世界热带及亚热带各地。

[生境] 生于池沼、水田或水沟的淤泥中，有时漂浮于深水面上。

[备注] 本种传统上置于水蕨科。

苏铁蕨

Brainea insignis (Hook.) J. Sm.

[形态] 植株高达 1.5 m；主枝直立或斜上，粗 10~15 cm，单一或有时分叉，黑褐色，顶部与叶柄基部均密被鳞片；叶簇生于主枝的顶部，略呈二形；叶柄长 10~30 cm，棕禾秆色，坚硬；叶片椭圆披针形，长 50~100 cm，一回羽状，羽片 30~50 对，对生或互生，线状披针形至狭披针形，中部羽片最长，达 15 cm；孢子囊群沿主脉两侧的小脉着生，成熟时逐渐满布于主脉两侧，最终满布于能育羽片的背面。

[分布] 产全州各县市；云南、广东、广西、海南、福建南部、台湾；广布印度经东南亚至菲律宾的亚洲热带地区。

[生境] 生于海拔 450~1700 m 的山坡向阳地方。

水龙骨科 **Polypodiaceae**　　国家II级保护植物 CR(极危)

鹿角蕨

Platycerium wallichii Hook.

[形态] 附生草本；根状茎肉质，短而横卧，密被鳞片；叶二列，二型，基生不育叶宿存，厚革质，下部肉质，厚达 1 cm，无柄，贴生于树干上；能育叶常成对生长，下垂，灰绿色，长 25~70 cm，分裂成不等大的 3 枚主裂片，内侧裂片最大，多次分叉成狭裂片，中裂片较小；孢子囊散生于主裂片第一次分叉的凹缺处以下；隔丝灰白色，孢子绿色。

[分布] 产盈江；云南西南部；缅甸、印度东北部、泰国。

[生境] 生于海拔 210~950 m 的山地雨林中。

[备注] 本种传统上置于鹿角蕨科。

第三章 裸子植物

篦齿苏铁

Cycas pectinata Buch.-Ham.

[形态] 树干圆柱形，高达 3 m；羽状叶长 1.2~1.5 m，柄长 15~30 cm，两侧有疏刺，刺略向下弯，长约 2 mm，羽状裂片 80~120 对，条形或披针状条形，厚革质，坚硬；雄球花长圆锥状圆柱形，长约 40 cm，直径 10~15 cm，小孢子叶楔形；大孢子叶密被褐黄色绒毛，上部的顶片斜方状宽圆形或宽圆形，宽 6~8 cm，边缘有 30 余枚钻形裂片，下部急缩成粗短的柄状，上部两侧生胚珠 2~4；种子卵圆形，长 4.5~5 cm，熟时暗红褐色。

[物候] 种子 2~3 月成熟。

[分布] 产盈江；云南西南部；印度、尼泊尔、缅甸、泰国、柬埔寨、老挝、越南。

[生境] 生于海拔 300~700 m 的林下。

翠柏

龙柏(户撒) 风尾柏(梁河)

Calocedrus macrolepis Kurz

[形态] 乔木，高达 30~35 m，胸径 1~1.2 m；树皮红褐色、灰褐色或褐灰色，幼时平滑，老时纵裂；小枝互生，两列状；鳞叶两对交叉对生，成节状，先端急尖，长 3~4 mm；雌雄球花分别生于不同短枝的顶端；球果长圆形、椭圆柱形或长卵状圆柱形，熟时红褐色，长 1~2 cm；种鳞 3 对，木质，种子近卵圆形或椭圆形，微扁，长约 6 mm，暗褐色，上部有两个大小不等的膜质翅。

[物候] 球果 9~10 月成熟。

[分布] 产陇川；云南、贵州、广西、海南；越南、缅甸。

[生境] 生于海拔 1000~2000 m 地带，成小面积纯林或散生于林内，或为人工纯林。

柏科 **Cupressaceae** 国家Ⅱ级保护植物 VU(易危)

台湾杉 秃杉

Taiwania cryptomerioides Hayata

Taiwania flousiana Gaussen

[形态] 乔木，高达 75 m，胸径可达 2 m 以上；树皮淡褐灰色，裂成不规则的长条片；大树的叶四棱状钻形，排列紧密，长 2~3(~5)mm，两侧宽 1~1.5 mm，四面有气孔线；幼树及萌芽枝上的叶长 0.6~1.5 cm，钻形，两侧扁平；雄球花 2~7 个簇生于小枝顶端；球果圆柱形或长椭圆形，长 1.5~2.2 cm，直径约 1 cm，熟时褐色；种鳞 21~39，种子长椭圆形或倒卵形，两侧边缘具翅。

[物候] 球果 10~11 月成熟。

[分布] 产全州各县市；云南西部、湖北、贵州、台湾；缅甸北部。

[生境] 生于气候温暖或温凉、夏秋多雨潮湿、冬季较干、红壤或棕色森林土地带。

[备注] 本种传统上置于杉科。

西双版纳粗榧 海南粗榧

Cephalotaxus mannii Hook. f.

Cephalotaxus hainanensis Li

[形态] 小乔木，高达 8 m；叶排成两列，披针状条形，通常直伸，长 3~4 cm，宽 2.5~4 mm，正面深绿色，中脉隆起，背面中脉微明显，两侧淡绿色，新鲜时微具白粉，干后易脱落；雄球花 6~8 聚生成头状，直径约 6 mm，总梗细，长约 5 mm，基部及总梗上有 10 多枚苞片；每一雄球花基部有 1 枚三角状卵形的苞片，雄蕊 7~13，各有 3~4 个花药，花丝短；种子倒卵圆形，长约 3 cm。

[物候] 花期 2~3 月；种子 8~10 月成熟。

[分布] 产陇川、盈江；云南南部；越南、缅甸、印度。

[生境] 生于林中、村边。

[备注] 本种传统上置于三尖杉科。

西藏红豆杉　云南红豆杉

Taxus wallichiana Zucc.

Taxus yunnanensis Cheng & L. K. Fu

[形态] 乔木，高达 20 m；树皮灰褐色、灰紫色或淡紫褐色，裂成鳞状薄片脱落；大枝开展，一年生枝绿色，冬芽金绿黄色；叶条状披针形或披针状条形，常呈弯镰状，排列较疏，列成两列，长 1.5~4.7 cm，宽 2~3 mm，正面深绿色或绿色，有光泽，背面两侧各有一条淡黄色气孔带；雄球花淡褐黄色；种子生于肉质杯状的假种皮中，卵圆形，长约 5 mm，直径 4 mm，微扁，成熟时假种皮红色。

[物候] 花期 3~4 月；果期 8~11 月。

[分布] 产芒市；云南西北部及西部、四川西南部、西藏东南部；不丹、缅甸北部。

[生境] 生于海拔 2000~3500 m 高山地带。

红豆杉科 **Taxaceae**　　国家Ⅰ级保护植物 VU(易危)

南方红豆杉

Taxus wallichiana var. **mairei** (Lemée & H. Lév.) L. K. Fu & Nan Li

[形态] 乔木，高达 30 m；树皮灰褐色或暗褐色，裂成条片脱落；叶排列成两列，条形，多呈弯镰状，通常长 2~4.5 cm，宽 3~5 mm，上部常渐窄，先端渐尖，背面中脉带上无角质乳头状突起点，中脉带明晰可见；种子生于杯状红色肉质的假种皮中，微扁，多呈倒卵圆形，上部较宽，稀柱状长圆形，长 7~8 mm，直径 5 mm，种脐常呈椭圆形。

[物候] 花期 3~4 月；果期 8~11 月。

[分布] 产梁河、芒市、盈江；云南东北部、安徽南部、浙江、台湾、福建、江西、广东北部、广西北部及东北部、湖南、湖北西部、河南西部、陕西南部、甘肃南部、四川、贵州。

[生境] 生于海拔 1000~1200 m 或以下的地方林中。

少苞买麻藤

Gnetum gnemon var. **brunonianum** (Griff.) Markgr.

[形态] 灌木或小乔木；树皮灰色；小枝有时呈蔓生，绿色；叶对生，叶柄长 0.5~1.8 cm；叶片椭圆形或矩圆形，长 7.5~20 cm，宽 2.5~10 cm，革质或薄革质，侧脉不明显；雄球花单生叶腋，分枝或不分枝，每轮环状总苞内有雄花 25~45，排成两行；雌球花顶生或腋生，长 3~6 cm，每轮环状总苞内有雌花 5~8；种子无柄，长 1~3.5 cm，熟时黄色或橙黄色。

[物候] 种子秋冬季成熟。

[分布] 产盈江；西藏、云南；南亚、东南亚至太平洋群岛。

[生境] 生于林中。

第四章　被子植物

国家一级保护植物东京龙脑香 *Dipterocarpus retusus*

莼菜

Brasenia schreberi J. F. Gmél.

[形态] 多年生水生草本；根状茎具叶及匍匐枝；叶椭圆状长圆形，长 3.5~6 cm，宽 5~10 cm，背面蓝绿色，两面无毛，从叶脉处皱缩；叶柄长 25~40 cm，和花梗均有柔毛；花直径 1~2 cm，暗紫色，花梗长 6~10 cm；萼片及花瓣条形，长 1~1.5 cm，先端圆钝；花药条形，约长 4 mm；心皮条形，具微柔毛；坚果长圆卵形，有 3 个或以上成熟心皮；种子 1~2，卵形。

[物候] 花期 6 月；果期 10~11 月。

[分布] 产梁河、盈江；云南、江苏、浙江、江西、湖南、四川；俄罗斯、日本、印度、美国、加拿大、大洋洲东部、非洲西部。

[生境] 生于池塘、河湖或沼泽。

[备注] 本种传统上置于睡莲科。

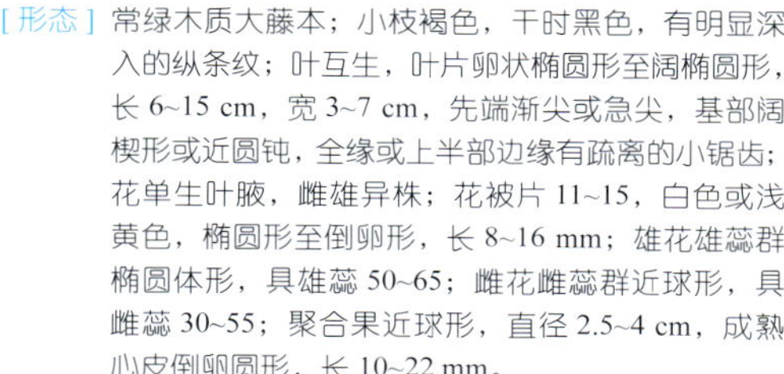

凤庆南五味子

顺宁五味子 鸡血藤

Kadsura heteroclita (Roxb.) Craib

［形态］常绿木质大藤本；小枝褐色，干时黑色，有明显深入的纵条纹；叶互生，叶片卵状椭圆形至阔椭圆形，长 6~15 cm，宽 3~7 cm，先端渐尖或急尖，基部阔楔形或近圆钝，全缘或上半部边缘有疏离的小锯齿；花单生叶腋，雌雄异株；花被片 11~15，白色或浅黄色，椭圆形至倒卵形，长 8~16 mm；雄花雄蕊群椭圆体形，具雄蕊 50~65；雌花雌蕊群近球形，具雌蕊 30~55；聚合果近球形，直径 2.5~4 cm，成熟心皮倒卵圆形，长 10~22 mm。

［物候］花期 5~8 月；果期 8~12 月。

［分布］产陇川、瑞丽、盈江；湖北、广东、海南、广西、贵州、云南；孟加拉国、越南、老挝、缅甸、泰国、印度、斯里兰卡。

［生境］生于海拔 400~900 m 的山谷、溪边、密林中。

［备注］本种现被归入异形南五味子 *Kadsura heteroclita* (Roxb.) Craib。

大叶风吹楠

Horsfieldia kingii (Hook. f.) Warb.

[形态] 乔木，高 6~10 m；叶互生，叶片坚纸质，倒卵形或长圆状倒披针形，长 (12~)28~55 cm，宽 (5~)15~22 cm，先端锐尖，有时钝，侧脉 14~18 对；雄花序腋生或通常从落叶腋生出，分枝稀疏，花几成簇，球形，花被二至三裂，花药 12，合生成球形；雌花序短，长 3~7 cm，多分枝，花近球形，比雄花大，不密集，花被片 2 或 3 深裂；果长圆形，两端渐狭，长 4~4.5 cm，假种皮薄，完全包被种子。

[物候] 果期 10~12 月。

[分布] 产瑞丽、盈江；云南西部和南部；印度东北部、孟加拉国。

[生境] 生于海拔 800~1200 m 的沟谷密林中。

肉豆蔻科 Myristicaceae　中国珍稀濒危保护植物名录III级保护

琴叶风吹楠

Horsfieldia pandurifolia Hu

[形态] 乔木，高 15~24 m；树皮灰褐色，纵裂；叶互生，叶片坚纸质，倒卵状长圆形至提琴形，长 (10~)16~34 cm，宽 6~9.5 cm，先端短渐尖至突然细尖，基部楔形至宽楔形，侧脉 12~22 对；雄花序圆锥状，分枝稀疏，雄花雄蕊 10，合生成球形；果序圆锥状，长 10~18 cm，通常着成熟果 1~3 个，果卵状椭圆形，长 3~4.5 cm，直径 2~2.5 cm，黄褐色；假种皮鲜红色，先端微撕裂状。

[物候] 花期 5~7 月；果期 4~6 月。

[分布] 产芒市、瑞丽、盈江；云南南部至西南部。

[生境] 生于海拔 500~800 m 的沟谷密林或山坡密林中。

[备注] 本种现被归入云南风吹楠 *Horsfieldia prainii* (King) Warburg。

肉豆蔻科 Myristicaceae

国家Ⅱ级保护植物
德宏极小种群

滇南风吹楠

Horsfieldia tetratepala C. Y. Wu

[形态] 乔木，高 12~25 m；树皮灰白色，小枝棕褐色；叶互生，叶片薄革质，长圆形或倒卵状长圆形，先端短渐尖，基部宽楔形，长 20~35 cm，宽 7~13 cm，侧脉 (12~)14~22 对；雄花 3~6，在分枝顶端近簇生，球形，雄蕊 20，完全结合成球形体；果序通常着生老枝落叶腋部，果椭圆形，先端钝圆，成熟时长 4.5~5 cm，直径 2.8~3.5 cm，橙黄色，假种皮近橙红色，完全包被种子。

[物候] 花期 4~6 月；果期 11 月至翌年 4 月。

[分布] 产盈江；云南勐腊、金平、河口。

[生境] 生于海拔 300~650 m 的沟谷坡地密林中。

[备注] 本种现被归入大叶风吹楠 *Horsfieldia kingii* (Hook. f.) Warb.。

小叶红光树

Knema globularia (Lam.) Warb.

[形态] 小乔木，高 4~15 m；树皮灰褐色，鳞片状开裂；叶互生，叶片膜质至坚纸质，长圆形，披针形、倒披针形至线状披针形，长 10~20(~28) cm，宽 2~4(~7) cm，侧脉 (12~)15~18 对；雄花 (2~)6~9，簇生成假伞形花序，花药 10~16；雌花序假伞形，总梗长 0.5~1 cm；果通常单生，下垂，卵珠形至近圆球形，长 1.8~3.2 cm，直径 1.5~2.5 cm，假种皮深红色，完全包被种子或仅顶端微撕裂。

[物候] 在低海拔地区花期 12 月至翌年 3 月，果期 7~9 月；在高海拔地区 7~9 月花果同时并存。

[分布] 产梁河、陇川、瑞丽、盈江；云南西部和南部；中南半岛至马来半岛。

[生境] 生于海拔 200~1000 m 荫湿的山坡或平坝低丘的杂木林中。

肉豆蔻科 Myristicaceae

国家II级保护植物
德宏极小种群 EN(濒危)

云南肉豆蔻

Myristica yunnanensis Y. H. Li

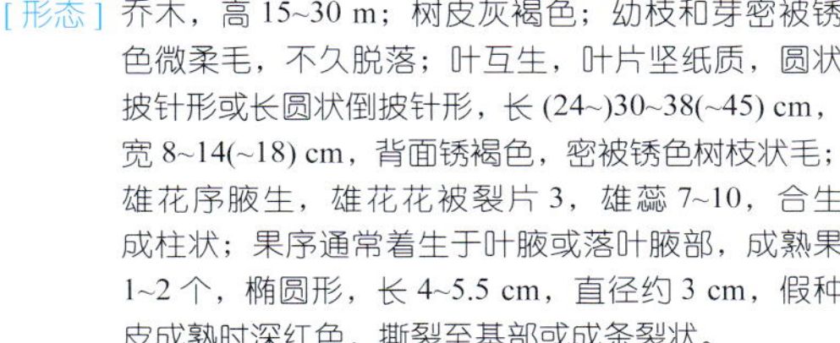

[形态] 乔木，高 15~30 m；树皮灰褐色；幼枝和芽密被锈色微柔毛，不久脱落；叶互生，叶片坚纸质，圆状披针形或长圆状倒披针形，长 (24~)30~38(~45) cm，宽 8~14(~18) cm，背面锈褐色，密被锈色树枝状毛；雄花序腋生，雄花花被裂片 3，雄蕊 7~10，合生成柱状；果序通常着生于叶腋或落叶腋部，成熟果 1~2 个，椭圆形，长 4~5.5 cm，直径约 3 cm，假种皮成熟时深红色，撕裂至基部或成条裂状。

[物候] 花期 9~12 月；果期 3~6 月。

[分布] 产瑞丽、盈江；云南南部。

[生境] 生于海拔 540~600 m 的山坡或沟谷斜坡的密林中。

长蕊木兰　黄心树

Alcimandra cathcartii (Hook. f. & Thomson) Dandy

Magnolia cathcartii (Hook. f. & Thomson) Nooteb.

[形态] 乔木，高达 50 m；嫩枝被柔毛；顶芽长锥形，被白色长毛；叶互生，叶片革质，卵形或椭圆状卵形，长 8~14 cm，先端渐尖或尾状渐尖，侧脉每边 12~15 条；花白色，佛焰苞状苞片绿色，紧接花被片；花被片 9，排成 3 轮，外轮长圆形，内两轮倒卵状椭圆形，比外轮稍短小；雄蕊长约 4 cm，花药长约 2.8 cm，内向开裂；雌蕊群圆柱形；聚合果长 3.5~4 cm，蓇葖扁球形，有白色皮孔。

[物候] 花期 5 月；果期 8~9 月。

[分布] 产芒市、盈江；云南西南部至东南部、西藏南部和东南部；印度东北部。

[生境] 生于海拔 1800~2700 m 的山地林中。

盈江县
梁河县
平原镇
遮岛镇
陇川县
芒市镇
芒市
章凤镇
瑞丽市
勐卯镇

木兰科 Magnoliaceae　　　　国家Ⅱ级保护植物

厚朴

Houpoea officinalis (Rehd. & Wils.) N. H. Xia & C. Y. Wu

Magnolia officinalis Rehd. & Wils.

[形态] 落叶乔木，高达 20 m；树皮厚，褐色，不开裂；小枝粗壮，淡黄色或灰黄色；顶芽大，狭卵状圆锥形；叶大，近革质，7~9 聚生于枝端，长圆状倒卵形，长 22~45 cm，宽 10~24 cm，先端具短急尖或圆钝；花白色，直径 10~15 cm，芳香，花梗粗短，被长柔毛；花被片 9~12(~17)，厚肉质，外轮淡绿色，内两轮白色；雄蕊约 72，长 2~3 cm，花药长 1.2~1.5 cm；雌蕊群椭圆状卵圆形；聚合果长圆状卵圆形，长 9~15 cm，蓇葖具长 3~4 mm 的喙。

[物候] 花期 5~6 月；果期 8~10 月。

[分布] 产梁河、芒市、盈江；陕西南部、甘肃东南部、河南东南部、湖北西部、湖南西南部、四川、贵州东北部。

[生境] 生于海拔 300~1500 m 的山地林间。

长喙厚朴 贡山厚朴 大叶木兰

Houpoea rostrata (W. W. Sm.) N. H. Xia & C. Y. Wu

Magnolia rostrata W. W. Sm.

[形态] 落叶乔木，高达 25 m；树皮淡灰色；芽、嫩枝被红褐色而皱曲的长柔毛，腋芽无毛；叶 7~9 片集生于枝端，叶片倒卵形，长 34~50 cm，宽 21~23 cm，先端有时二浅裂，背面被红褐色而弯曲的长柔毛；叶柄粗壮，托叶痕明显凸起，为叶柄长的 1/3~2/3；花后叶开放，白色，芳香，花被片 9~12，外轮 3 片背面绿而染粉红色，腹面粉红色，向外反卷；内两轮通常 8 片，纯白色，直立，基部具爪；雄蕊群紫红色；聚合果直立，蓇葖具喙；种子扁。

[物候] 花期 5~7 月；果期 9~10 月。

[分布] 产盈江；云南西北部及西南部、西藏东南部；缅甸东北部。

[生境] 生于海拔 2100~3000 m 的山地阔叶林中。

木兰科 Magnoliaceae　　国家Ⅱ级保护植物 LC(无危)

鹅掌楸 马褂木

Liriodendron chinense (Hemsl.) Sargent.

[形态] 乔木，高达 40 m；小枝灰色或灰褐色；叶互生，叶片马褂状，长 4~12(~18) cm，近基部每边具 1 侧裂片，先端具 2 浅裂，背面苍白色，叶柄长 4~8(~16) cm；花杯状，花被片 9，外轮 3，绿色，萼片状，向外弯垂，内两轮 6、直立，花瓣状，倒卵形，长 3~4 cm，绿色，具黄色纵条纹，花药长 10~16 mm，花丝长 5~6 mm，花期时雌蕊群超出花被之上，心皮黄绿色；聚合果长 7~9 cm，具翅的小坚果长约 6 mm，顶端钝或钝尖，具种子 1~2 颗。

[物候] 花期 5 月；果期 9~10 月。

[分布] 德宏有栽培；云南、陕西、安徽、浙江、江西、福建、湖北、湖南、广西、四川、贵州；越南北部。

[生境] 生于海拔 900~1000 m 的山地林中。

大果木莲

Manglietia grandis Hu & Cheng

Magnolia grandis (Hu & W. C. Cheng) V. S. Kunar

[形态] 乔木，高达 12 m；叶互生，叶片革质，椭圆状长圆形或倒卵状长圆形，长 20~35.5 cm，宽 10~13 cm，先端钝尖或短突尖，侧脉每边 17~26 条；花红色，花被片 12，外轮较薄，倒卵状长圆形，长 9~11 cm，内 3 轮肉质，倒卵状匙形；雄蕊长 1.4~1.6 cm，花药长约 1.3 cm，药隔伸出长约 1 mm 的短尖头；雌蕊群卵圆形，长约 4 cm；聚合果长圆状卵圆形，长 10~12 cm，果柄粗壮，直径 1.3 cm，成熟蓇葖长 3~4 cm。

[物候] 花期 5 月；果期 9~10 月。

[分布] 产陇川；广西西南部、云南东南部。

[生境] 生于海拔 1200 m 山谷密林中。

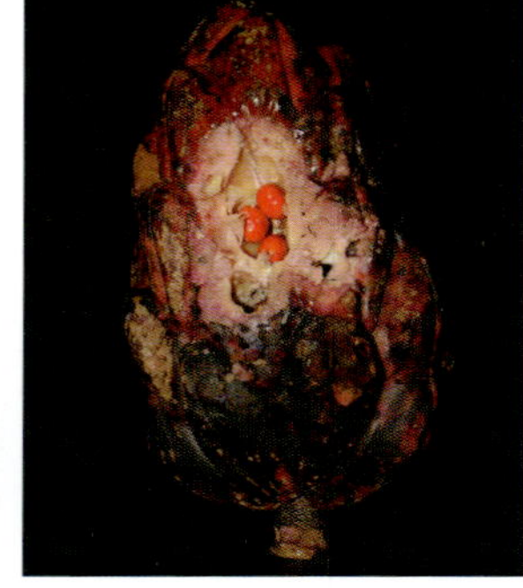

盈江县
梁河县
平原镇
遮岛镇
陇川县
芒市
芒市镇
章凤镇
瑞丽市
勐卯镇

木兰科 Magnoliaceae

中国珍稀濒危保护植物名录Ⅲ级保护
VU(易危)

红花木莲

Manglietia insignis (Wall.) Blume

Magnolia insignis Wall.

［形态］常绿乔木，高达 30 m；叶互生，叶片革质，倒披针形、长圆形或长圆状椭圆形，长 10~26 cm，宽 4~10 cm，侧脉每边 12~24 条；花芳香，花梗粗壮，直径 8~10 mm，离花被片下约 1 cm 处具 1 苞片脱落环痕，花被片 9~12，外轮腹面褐色染红色或紫红色，倒卵状长圆形，中内轮 6~9，乳白色染粉红色；雄蕊长 10~18 mm；雌蕊群圆柱形；聚合果鲜时紫红色，卵状长圆形，长 7~12 cm，蓇葖背缝全裂，具乳头状突起。

［物候］花期 5~6 月；果期 8~9 月。

［分布］产全州各县市；湖南西南部、广西、四川西南部、贵州、云南、西藏东南部；尼泊尔、印度东北部、缅甸北部。

［生境］生于海拔 900~1200 m 的林间。

合果木

合果含笑 山桂花 山缅桂

Michelia baillonii (Pierre) Finet & Gagnep.

Paramichelia baillonii (Pierre) Hu

[形态] 大乔木，高可达 35 m；叶互生，叶片椭圆形、卵状椭圆形或披针形，长 6~22(~25) cm，宽 4~7 cm，侧脉每边 9~15 条；花芳香，淡黄色，花被片 18~21，外 2 轮倒披针形，长 2.5~2.7 cm，向内渐狭小，内轮披针形，长约 2 cm；雄蕊长 6~7 mm，药隔伸出成短锐尖；雌蕊群狭卵圆形，长约 5 mm；聚合果肉质，倒卵圆形，椭圆状圆柱形，长 6~10 cm，成熟心皮完全合生。

[物候] 花期 3~5 月；果期 8~10 月。

[分布] 产全州各县市；西双版纳、元江中游、思茅。

[生境] 生于海拔 500~1500 m 的山林中。常与龙脑樟科树种混生。

云南拟单性木兰　黑心绿豆

Parakmeria yunnanensis Hu

Magnolia yunnanensis (Hu) Nooteb.

[形态] 常绿乔木，高达 30 m；树皮灰白色，光滑不裂；叶互生，叶片薄革质，卵状长圆形或卵状椭圆形，长 6.5~15(~20) cm，宽 2~5 cm，侧脉每边 12~15 条；雄花和两性花异株，芳香；雄花花被片 12，4 轮，外轮红色，内 3 轮白色，雄蕊约 30；两性花花被片与雄花同而雄蕊极少，雌蕊群卵圆形；聚合果长圆状卵圆形，长约 6 cm，蓇葖菱形，熟时背缝开裂。

[物候] 花期 5 月；果期 9~10 月。

[分布] 产梁河、芒市；云南东南部、广西西南部。

[生境] 生于海拔 1200~1500 m 的山谷密林中。

中华野独活

中华密榴木

Miliusa sinensis Finet & Gagnep.

[形态] 乔木，高达 6 m；小枝、叶背、叶柄、苞片、花梗、花萼两面及花瓣两面均被黄色短柔毛或长柔毛；叶互生，叶片薄纸质或膜质，椭圆形或长椭圆形，长 5~12.5 cm，宽 2~5 cm，侧脉每边 9~11 条；花单生叶腋内，直立或下弯，花梗细长；外轮花瓣与萼片等大，内轮花瓣紫红色，初时花瓣边缘黏合，以后中部以上分离，顶端外反，呈钟状，花瓣片卵圆形；心皮卵圆形；果圆球状或倒卵状，长 7~10 mm，直径 7~8 mm，成熟时紫黑色。

[物候] 花期 4~9 月；果期 7~12 月。

[分布] 产盈江；广东、广西、云南和贵州。

[生境] 生于海拔 500~1000 m 山地密林中或山谷灌木林中。

景洪暗罗

Polyalthia cheliensis Hu

[形态] 乔木，高达 20 m；枝条无毛，灰白色；叶互生，叶片纸质，倒披针形，长 9~20 cm，宽 3.5~7 cm，顶端短渐尖，基部楔形至近圆形，侧脉每边 16~20 条，两面凸起；花绿黄色，2~4 朵丛生于矩状的短枝上；小苞片卵圆形；萼片宽三角形，长 5 mm，外面被绒毛，内面无毛，内外轮花瓣匙形或线形；每心皮有胚珠 1 颗，基生。

[物候] 果期 3~5 月。

[分布] 产瑞丽、盈江；云南南部。

[生境] 生于海拔 1060 m 山地密林中。

[备注] 本种现被归入腺叶暗罗 *Polyalthia simiarum* (Buch.-Ham. ex Hook. f. & Thomson) Hook. f. & Thomson。

毛尖树

Actinodaphne forrestii (Allen) Kosterm.

[形态] 乔木，高 8~15 m；树皮灰白色，幼枝黄褐色，老枝紫褐色；叶 6~7 簇生枝端成轮生状，叶片椭圆状披针形，长 9~27 cm，宽 2~5 cm，革质，正面绿色，无毛，有光泽，背面灰绿色，幼时被黄褐色短柔毛；伞形花序数个簇生于枝侧，总梗短或无；花被裂片 6，椭圆形；雄花能育雄蕊 9，花丝无毛；雌花雌蕊长 3.2 mm，子房近球形；果长圆形，长 14~16 mm，直径 6~8 mm；果托杯状，深 6~10 mm，全缘。

[物候] 花期 11 月至翌年 3 月；果期 8~9 月。

[分布] 产全州各县市；贵州西南部、广西西南部、云南西部、中南部至东南部。

[生境] 生于海拔 1000~2700 m 的石灰岩灌丛或山地混交林中。

樟科 Lauraceae 云南省III级保护植物

长柄油丹

Alseodaphne petiolaris (Meissn.) Hook. f.

[形态] 乔木，高达 20 m；枝条粗壮，近轮生，顶芽卵珠形，芽鳞紧密；叶簇生枝顶，叶片宽大，倒卵状长圆形或长圆形，长 14~26 cm，宽 6~15 cm，先端圆形或钝形；圆锥花序多花，近顶生，多数聚生于枝梢；花小，长约 2.5 mm，花梗长约 2 mm；花被筒宽倒锥形，花被裂片 6；能育雄蕊 9，退化雄蕊 3，微小；果长圆状卵球形，长 2.8 cm，直径约 1.3 cm，顶端浑圆，肉质，果梗粗壮，膨大。

[物候] 花期 10~11 月；果期 12 月至翌年 4~5 月。

[分布] 产全州各县市；云南南部；印度、缅甸。

[生境] 生于海拔 620~900 m 的干燥疏林或常绿阔叶林中。

樟 香樟 芳樟 樟木

Cinnamomum camphora (L.) Presl

[形态] 常绿大乔木，高可达 30 m；枝、叶及木材均有樟脑气味；树皮黄褐色，有不规则的纵裂，枝条无毛；叶互生，叶片卵状椭圆形，长 6~12 cm，宽 2.5~5.5 cm，离基三出脉，边缘全缘；圆锥花序腋生，具梗；花绿白或带黄色；花梗无毛；花被内面密被短柔毛；能育雄蕊 9，退化雄蕊 3，位于最内轮，箭头形；子房球形，无毛；果卵球形，紫黑色；果托杯状，顶端截平，具纵向沟纹。

[物候] 花期 4~5 月；果期 8~11 月。

[分布] 产全州各县市；中国南部及西南部各省区；越南、朝鲜、日本。

[生境] 生于山坡、沟谷或村旁。

樟科 **Lauraceae** 云南省III级保护植物 EN(濒危)

毛叶樟

香芳樟 毛叶芳樟 中朗(傣语)

Cinnamomum mollifolium H. W. Li

[形态] 乔木，高 5~15 m；树皮灰褐色，具纵向细条裂；顶芽大，卵珠形，长 1 cm，芽鳞密集；叶互生，叶片卵圆形或长圆状卵圆形，长 (4.5~)7.5~12(~16) cm，宽 3.5~5(~8) cm，革质；圆锥花序腋生，纤细，长 7~11 cm，具花 12~16；花小，淡黄色，花梗纤细，长 2.5~5 mm；花被裂片 6；能育雄蕊 9，退化雄蕊 3；果近球形，干时直径 9 mm，花被片脱落，果托长 1 cm。

[物候] 花期 3~4 月；果期 9 月。

[分布] 产瑞丽；云南南部。

[生境] 生于海拔 1100~1300 m 的路边、疏林中或樟茶混生林中。

樟科 **Lauraceae**

中国珍稀濒危保护植物名录III级保护
EN(濒危)

五桠果叶木姜子

Litsea dilleniifolia P. Y. Pai & P. H. Huang

[形态] 常绿乔木，高 20~26 m；树皮灰色或灰褐色，小枝具明显棱角，中空，髓心褐色；叶互生，叶片长圆形，长 21~50 cm，无毛；伞形花序 6~8 个生于短枝上排列成总状；每花序有雄花 5，花梗密被锈色柔毛；花被裂片 8，能育雄蕊 16~17，花丝中部以下具黄色柔毛，腺体圆状心形，具短柄；果扁球形，直径 2~2.3 cm，长约 1.5 cm，熟时紫红色，果托杯状，紧包果实，外面有皱褶，全缘或波状。

[物候] 花期 4~5 月；果期 7 月。

[分布] 产盈江；云南南部。

[生境] 生于海拔 500 m 的沟谷雨林河岸湿润处。

樟科 Lauraceae 中国珍稀濒危保护植物名录Ⅲ级保护

润楠 滇楠

Machilus nanmu (Oliv.) Hemsl.

Phoebe nanmu (Oliv.) Gamble

[形态] 乔木，高 8~20 m；芽鳞密被黄褐色短柔毛，一年生枝密被黄褐色短柔毛；叶片椭圆形，长 8~18 cm，正面无毛，背面有贴伏小柔毛，嫩叶的背面和叶柄密被灰黄色小柔毛；圆锥花序生于嫩枝基部，4~7 个，有灰黄色小柔毛；花梗纤细，花小，绿色，花被裂片长圆形，外面有绢毛，内面绢毛较疏，第三轮雄蕊的腺体戟形，有柄，退化雄蕊基部有毛；子房卵形，花柱纤细，均无毛，柱头略扩大；果扁球形，直径 5~6 mm，黑色，花被片宿存。

[物候] 花期 3~5 月；果期 8~10 月。

[分布] 产全州各县市；西藏东南部、云南南部至西南部。

[生境] 生于海拔 900~1500 m 的山地阔叶林中，少见。

樟科 **Lauraceae** 云南省Ⅲ级保护植物

细毛润楠

Machilus tenuipilis H. W. Li

[形态] 乔木，高 8~20 m；一年生枝条圆柱形，灰褐色；叶常聚生于枝顶，叶片椭圆形至长圆形，长 5.5~15 cm，宽 2~4.5 cm，坚纸质，两面无毛，侧脉每边 8~12 条；花序多数，近顶生，由 1~3 花的聚伞花序组成；花绿白色，花被筒倒锥形，花被裂片 6，近等大；能育雄蕊 6，退化雄蕊 3；果球形，直径 7~10 mm，无毛，成熟时蓝黑色；宿存花被片膜质，黄褐色。

[物候] 花期 3~4 月；果期 8~9 月。

[分布] 产梁河、芒市、瑞丽；云南西南部。

[生境] 生于海拔 1350~2350 m 的山地疏密林或灌丛中。

沧江新樟

Neocinnamomum mekongense (Hand.-Mazz.) Kosterm.

[形态] 灌木或小乔木，高 2~5 m；树皮黑棕色；顶芽小，卵珠形，芽鳞紧密；叶互生，叶片卵圆形至卵状椭圆形，长 5~10 cm，宽 2.5~4.5 cm，先端尾状渐尖，坚纸质或近革质，两面无毛，正面绿色，背面苍白色，三出脉；团伞花序腋生，被锈色细绢毛，具 2~5 花；花小，绿黄色，花被裂片 6；果卵球形，长约 1.2 cm，直径 8.5~9 mm，成熟时红色，果托高脚杯状。

[物候] 花期 6~8 月；果期 11 月至翌年 5 月。

[分布] 产陇川、芒市、瑞丽、盈江；云南西部至西北部、西藏东南部。

[生境] 生于海拔 (1400~)1700~2300(~2700) m 的灌丛、林缘路旁、河边或疏林中。

拟花蔺

Butomopsis latifolia (D. Don) Kunth

[形态] 一年生草本，半水生或沼生；叶基生，叶片长 5~15 cm，宽 1~5 cm，先端锐尖，基部楔形，具 3~7 脉，叶柄长 12~16 cm，基部宽鞘状；花茎长 10~30 cm，伞形花序具花 3~15；外轮花被片广椭圆形，先端圆或稍凹，边缘干膜质，长约 5 mm，宽约 3 mm，内轮花被片白色，比外轮大；子房圆柱形，长约 5 mm，柱头黄色，外弯；蓇葖果长约 10 cm；种子多数，褐色。

[物候] 花期 9~10 月。

[分布] 产梁河、盈江；云南南部；澳大利亚、印度、北部、非洲。

[生境] 生于海拔 1500 m 的沼泽中。

[备注] 本种传统上置于花蔺科。

箭根薯

蒟蒻薯 大叶屈头鸡 老虎花 江边烟

Tacca chantrieri André

[形态] 多年生草本；根状茎粗壮，近圆柱形；叶片长圆形或长圆状椭圆形，长 20~50(~60) cm，宽 7~14(~24) cm，顶端短尾尖，基部楔形或圆楔形，两侧稍不相等；花茎较长；总苞片 4，暗紫色，外轮 2 枚卵状披针形，内轮 2 枚阔卵形；伞形花序有花 5~7(~18) 朵；花被裂片 6，紫褐色；雄蕊 6，柱头弯曲成伞形，三裂；浆果肉质，椭圆形，具 6 棱。

[物候] 花果期 4~11 月。

[分布] 产全州各县市；湖南南部、广东、广西、云南；越南、老挝、柬埔寨、泰国、新加坡、马来西亚。

[生境] 生于海拔 170~1300 m 的水边、林下、山谷阴湿处。

[备注] 本种传统上置于蒟蒻薯科。

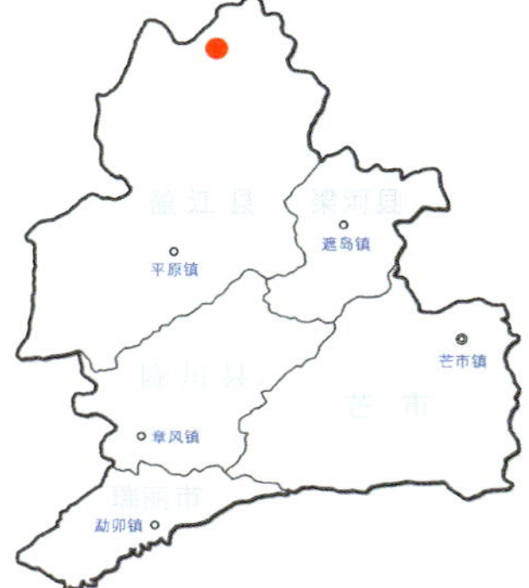

藜芦科 **Melanthiaceae**

国家 II 级保护植物

花叶重楼

Paris marmorata Stearn

[形态] 多年生草本，高 7~18 cm；根状茎粗短；叶 (4~)5~6 轮生，披针形或狭披针形，长 5.5~6.5 cm，宽 1.4~2.1 cm，正面深绿色，沿脉具有白色斑纹，背面紫褐色，近无柄；花梗长 7~20 mm；外轮花被片 3~4，狭披针形，长 2~3 cm，内轮花被片条形；雄蕊 6~8，花药长 1.5 mm，药隔完全不突出于花药之上；子房近球形，绿色；蒴果深紫色，开裂。

[物候] 花期春季。

[分布] 产盈江；云南、四川、西藏东南部；不丹。

[生境] 生于海拔 2800~3200 m 的高山上。

[备注] 本种传统上置于延龄草科。

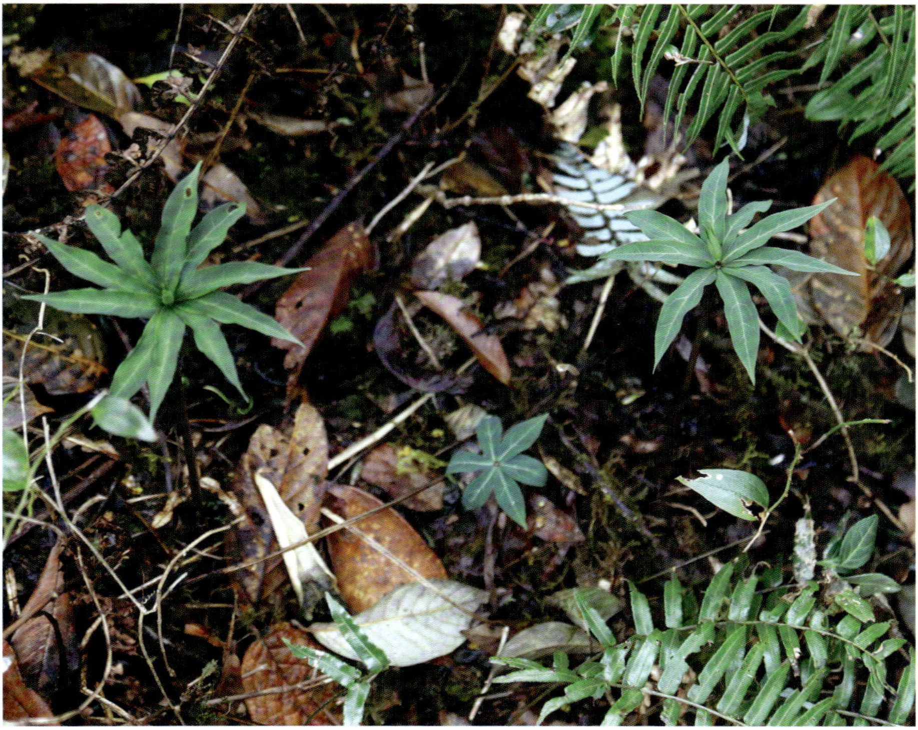

钟花假百合

Notholirion campanulatum Cotton & Stearn

[形态] 多年生草本；小鳞茎多数，卵形，直径 5~6 mm；茎高 60~100 cm；基生叶多数，带形，长 22~24 cm，膜质，茎生叶条状披针形，长 10~20 cm，宽 1~2.5 cm，膜质；总状花序具花 10~16 朵；花钟形，红色、暗红色、粉红色至紫色，下垂；花被片 6，倒卵状披针形，长 3.5~5 cm，先端绿色；花柱长约 2 cm，柱头三裂；蒴果长圆形，长 2~2.5 cm，宽 1.6~1.8 cm，淡褐色。

[物候] 花期 6~8 月；果期 9 月。

[分布] 产盈江；云南西北部、四川和西藏；斯里兰卡、缅甸。

[生境] 生于海拔 2800~3900 m 的草坡或杂木林缘。

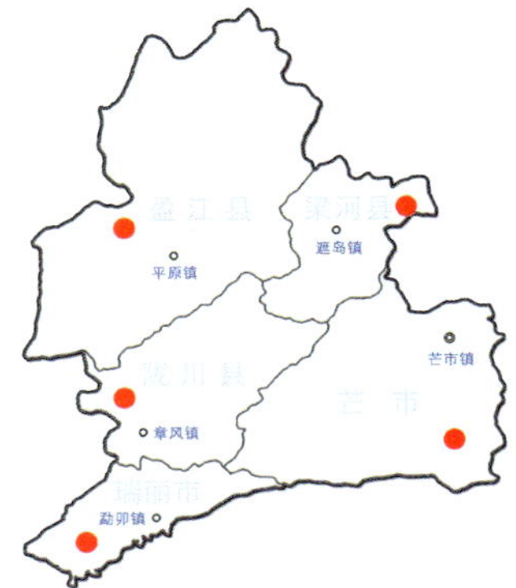

铁皮石斛　云南铁皮 黑节草

Dendrobium officinale Kimura & Migo

[形态] 附生草本；茎直立，圆柱形，长 9~35 cm，直径 2~4 mm，不分枝，具多节，节间长 1.3~1.7 cm；叶二列，纸质，长圆状披针形，长 3~4(~7) cm，宽 9~11 mm，基部下延为抱茎的鞘；总状花序常从落了叶的老茎上部发出，具花 2~3；花苞片干膜质，浅白色；花梗和子房长 2~2.5 cm；萼片和花瓣黄绿色，近相似，长圆状披针形；唇瓣白色，基部具 1 个绿色或黄色的胼胝体，中部以下两侧具紫红色条纹；蕊柱足黄绿色带紫红色条纹。

[物候] 花期 3~6 月。

[分布] 产全州各县市；安徽西南部、浙江东部、福建西部、广西西北部、四川、云南东南部。

[生境] 生于海拔 1600 m 的山地半阴湿的岩石上。

白柱万代兰

Vanda brunnea Rchb. f.

[形态] 附生草本；茎粗壮，长 13~23 cm，直径 1.2~1.5 cm，具多数二列的叶；叶厚革质，带状，长 17~18 cm，宽 1.7~2 cm；花序 1~3，不分枝，花序轴长 10~13 cm，疏生数朵花；苞片宽卵形，长约 1 cm，花大，质地薄，天蓝色；花梗和子房长 5 cm；萼片相似于花瓣，宽倒卵形；唇瓣三裂，侧裂片白色，内面具黄色斑点，中裂片深蓝色，舌形，距圆筒状，向末端渐狭，蕊柱长约 6 mm；药帽白色。

[物候] 花期 10~11 月。

[分布] 产陇川、瑞丽；云南南部；印度东北部、缅甸、泰国。

[生境] 生于海拔 1000~1600 m 的河岸或山地疏林中树干上。

天门冬科 **Asparagaceae** 国家Ⅱ级保护植物 VU(易危)

海南龙血树 小花龙血树

Dracaena cambodiana Pierre ex Gagnep.

[形态] 乔木状，高 3~4 m；树皮带灰褐色；幼枝有密环状叶痕，茎不分枝或分枝；叶聚生于枝顶，几乎互相套叠，剑形，薄革质，长 70 cm，宽 1.5~3 cm；圆锥花序长在 30 cm 以上，花序轴无毛或近无毛；花 3~7 簇生，绿白色或淡黄色；花被片长 6~7 mm，下部合生成短筒；花丝扁平，宽约 0.5 mm，花药长约 1.2 mm；花柱稍短于子房；浆果直径约 1 cm。

[物候] 花期 7 月。

[分布] 产陇川、芒市、瑞丽、盈江；海南；越南、柬埔寨。

[生境] 生于林中或干燥沙壤土上。

[备注] 本种传统上置于龙舌兰科。

直立省藤

Calamus erectus Roxb.

[形态] 茎直立，粗壮，丛生，高 5 m 以上；叶羽状全裂，长 2.5~3.5 m，顶端不具纤鞭，叶轴背面由下部向上部具半轮生至单生的刺，羽片等距排列，剑形，最大的长 60~75 cm，宽 3.5~6 cm，边缘疏被微刺；雌雄花序异型，雄花序长约 3 m，基部为三回分枝，上部为二回分枝，雌花序长约 1.3 m，二回分枝；果实椭圆形或卵状椭圆形，长 2.7~3.5 cm，直径 1.8 cm，顶端具短喙状乳头突起，鳞片 12 纵列，中央有宽的沟槽，边缘干膜质，啮蚀状。

[物候] 花果期 12 月。

[分布] 产盈江；云南西部；印度、缅甸。

[生境] 生于海拔 270~500 m 的热带森林中。

棕榈科 Arecaceae　　国家II级保护植物

董棕　酒假桄榔 果榜(傣语)

Caryota obtusa Griff.

[形态] 乔木状，高 5~25 m；茎黑褐色，膨大或不膨大成花瓶状；叶长 5~7 m，宽 3~5 m，弓状下弯，羽片宽楔形或狭的斜楔形，长 15~29 cm，宽 5~20 cm，最下部的羽片紧贴于分枝叶轴的基部，边缘具规则的齿缺；佛焰苞长 30~45 cm，花序长 1.5~2.5 m，具多数、密集的穗状分枝花序，长 1~1.8 m；果实球形至扁球形，直径 1.5~2.4 cm，成熟时红色。

[物候] 花期 6~10 月；果期 5~10 月。

[分布] 产盈江；广西、云南；印度、斯里兰卡、缅甸、中南半岛。

[生境] 生于海拔 370~1500(~2450) m 的石灰岩山地区或沟谷林中。

六列山槟榔

Pinanga hexasticha (Kurz) Scheff.

[形态] 丛生灌木，高 2~4 m；叶长 70~95 cm 或更长，顶端一对羽片较宽，宽约 8 cm，长约 20 cm，具 8~9 条叶脉，以下的羽片较狭而长，上部羽片先端截状，具钝齿，下部的羽片较狭，向先端渐尖，镰刀形；花序单生不分枝，下弯，较粗壮，稍压扁，长 14~18 cm 或更长，花在穗轴上螺旋状排成 (5)6 列；未熟果实近纺锤形，连果被长 13~14 mm，直径约 3 mm。

[物候] 果期冬季。

[分布] 产盈江；云南西部；缅甸。

[生境] 生于海拔 270~400 m 的热带森林中。

棕榈科 **Arecaceae**

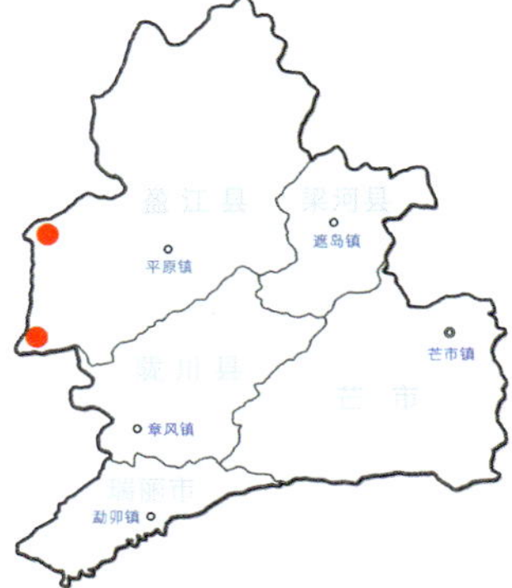

滇西蛇皮果

Salacca griffithii A. J. Hend.

[形态] 植株丛生，几无茎；叶羽状全裂，长约 6 m，叶轴下部背面有针刺，上部无刺，羽片整齐排列，披针形，长 50~100 cm，宽 5~11 cm；雄花序的序轴粗壮，具几个着生穗状花序的分枝花序；雌花序亦具粗壮序轴，有几个短而粗的着生穗状花序的分枝花序；果实球状陀螺形，顶端稍圆，含 1~3 种子，直径 6~6.5 cm，果皮薄，壳质，密被钻状披针形、暗褐色而有光泽的鳞片；种子球形、半球形至钝三棱形，直径 2.5~3 cm。

[物候] 花果期 9~10 月。

[分布] 产盈江；云南西部；印度、缅甸。

[生境] 生于海拔 270~1000 m 的热带森林中。

[备注] 本种以前被误定为 *Salacca secunda* Griff.。

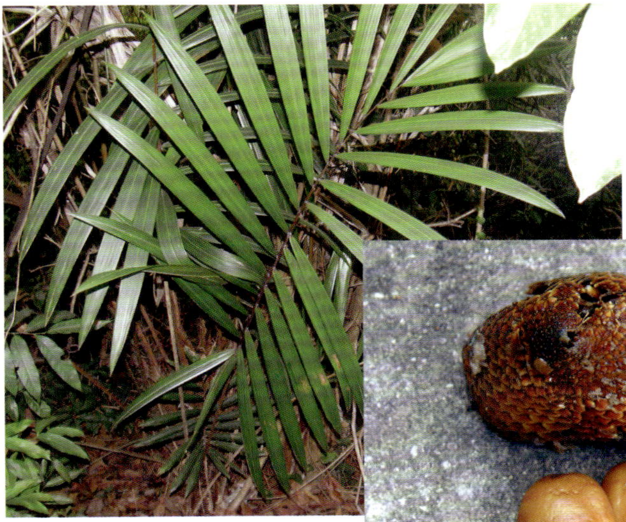

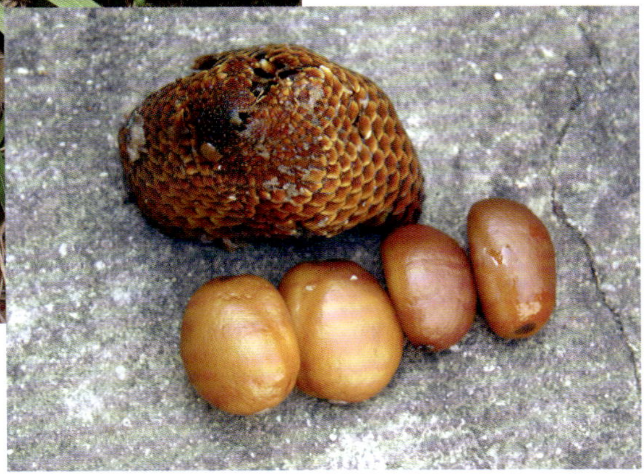

二列瓦理棕

Wallichia disticha T. Anders.

[形态] 乔木状，茎单生，高 5~8 m，直径 10~15 cm；叶呈二列互生于茎上，长 2~4 m，羽片 2~5 聚生于叶轴的两侧，线状披针形，长 30~60 cm，宽 4~6 cm，先端截平或楔形，具流苏状齿；雄花序长 0.9~1.2 m，一回分枝，具长约 10 cm、下弯、密集、纤细的小穗状花序；雌花序长 1.8~2.4 m，粗壮，花序梗粗 4 cm，下垂，一回分枝，具多达 200 个下垂的小穗状花序；果实长圆形，淡红色。

[物候] 花期 4~7 月。

[分布] 产盈江；云南西部；印度、缅甸。

[生境] 生于低海拔热带森林中。

茴香砂仁

Etlingera yunnanensis (T. L. Wu & S. J. Chen) R. M. Sm.

Achasma yunnanense T. L. Wu & S. J. Chen

[形态] 多年生草本；茎丛生，株高约 1.8 m；叶片披针形，长约 46 cm，宽约 7 cm，两面均无毛；总花梗由根茎生出，大部埋入土中，长约 5 cm；花序头状，贴近地面；总苞片卵形，长 2.5~3 cm，宽 2~3 cm，红色；花红色，多数；花萼管状，顶端三裂；花冠管较花萼为短，顶端具三裂片；唇瓣基部与花丝基部连合成短管，顶端二浅裂；花丝离生部分长 5 mm，花药室长 6~8 mm，柱头扁平；子房长 5 mm，被短柔毛。

[物候] 花期 6 月。

[分布] 产瑞丽、盈江；云南南部。

[生境] 生于海拔 640 m 的疏林下。

禾本科 **Poaceae** 国家Ⅱ级保护植物

疣粒稻

Oryza meyeriana subsp. **granulata** (Nees & Arn. ex Watt) Tateoka

[形态] 多年生草本，有时具短根状茎；秆高 30~70 cm，压扁，具 5~9 节；叶鞘无毛，长 5~8 cm，短于节间，叶舌长 1~2 mm，无毛，具明显叶耳；叶片线状披针形，长 5~20 cm，宽 6~20 mm，正面沿脉有锯齿状粗糙，背面平滑，干时内卷，顶端尖，基部圆形；圆锥花序简单，直立，长 3~12 cm，分枝 2~5，上升；小穗长圆形，长约 6 mm，颖退化仅留痕迹，不孕外稃锥状，长约 1 mm，孕性外稃无芒，表面具不规则小疣点；颖果长 3~4 mm。

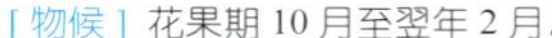

[物候] 花果期 10 月至翌年 2 月。

[分布] 产盈江；广东、海南、云南、广西；印度、缅甸、泰国至印度尼西亚爪哇、马来西亚。

[生境] 生于海拔 (200~)500~1000 m 的丘陵、林地中。

禾本科 **Poaceae** 国家Ⅱ级保护植物 LC(无危)

中华结缕草

Zoysia sinica Hance

[形态] 多年生草本，具横走根茎；秆直立，高 13~30 cm，茎部常具宿存枯萎的叶鞘，叶舌短而不明显；叶片淡绿或灰绿色，背面色较淡，长可达 10 cm，宽 1~3 mm，扁平或边缘内卷；总状花序穗形，小穗排列稍疏，长 2~4 cm，宽 4~5 mm；小穗披针形或卵状披针形，长 4~5 mm，宽 1~1.5 mm，具长约 3 mm 的小穗柄；颖光滑无毛，中脉近顶端与颖分离，延伸成小芒尖，外稃膜质，长约 3 mm，具 1 明显的中脉；颖果棕褐色，长椭圆形。

[物候] 花果期 5~10 月。

[分布] 产瑞丽；辽宁、河北、山东、江苏、安徽、浙江、福建、广东、台湾；日本。

[生境] 生于海边沙滩、河岸、路旁的草丛中。

领春木科 **Eupteleaceae**　中国珍稀濒危保护植物名录Ⅲ级保护

领春木　正心木

Euptelea pleiosperma Hook. f. & Thomson

[形态] 落叶灌木或小乔木；树皮紫黑色，小枝无毛；叶互生，叶片近圆形，长 5~14 cm，宽 3~9 cm，先端有 1 突生尾尖，边缘疏生顶端加厚的锯齿，下部或近基部全缘，脉腋具丛毛；叶柄有柔毛，后脱落；花丛生；苞片椭圆形，早落；雄蕊 6~14，花药红色，比花丝长；心皮 6~12，子房歪斜，有 1~3 个胚珠；翅果长 5~10 mm，宽 3~5 mm，棕色；种子 1~3，卵形，黑色。

[物候] 花期 4~5 月；果期 7~8 月。

[分布] 产盈江；河北南部、山西南部、河南、陕西、甘肃、浙江、湖北、四川、贵州、云南、西藏；印度。

[生境] 生于海拔 900~3600 m 的溪边杂木林中。

紫金龙 藤铃儿草 串枝莲

Dactylicapnos scandens (D. Don) Hutch.

[形态] 多年生草质藤本；茎长 3~4 m，攀缘，绿色，有时微带紫色，有纵沟，具多分枝；叶片三回三出复叶，轮廓三角形或卵形，第二或第三回小叶变成卷须，小叶卵形，长 0.5~3.5 cm，宽 0.4~2 cm；总状花序具 (2~)7~10(~14) 花；萼片卵状披针形，早落；花瓣 4，排成两轮，黄色至白色，先端粉红色或淡紫红色，外轮基部囊状心形，内轮较小；蒴果卵形或长圆状狭卵形，长 1~2.5 cm。

[物候] 花期 7~10 月；果期 9~12 月。

[分布] 产全州各县市；四川西南部、云南西北部、广西西部、西藏东南部；不丹、尼泊尔、印度、缅甸。

[生境] 生于海拔 1100~3000 m 的林下、山坡、石缝或水沟边、低凹草地、沟谷。

[备注] 本种在哈钦松系统中置于紫堇科。

防己科 Menispermaceae　　　　国家Ⅰ级保护植物 CR(极危)

藤枣

Eleutharrhena macrocarpa (Diels) Forman

[形态] 木质藤本；叶互生，叶片革质，卵形至阔卵形，长 9.5~2.2 cm，宽 4.5~13 cm，侧脉 5~9 对；雄花序有花 1~3，总梗长 6~10 mm；雄花外轮萼片微小，中轮与外轮相似或稍长，内轮倒卵状楔形，花瓣 6，阔倒卵形，雄蕊 6，长约 1.5 mm；果序生无叶老枝上，总梗粗壮，长 2 cm，其上有 3~6 核果；核果椭圆形，黄色或红色，长 2.5~3 cm，宽 1.7~2.5 cm。

[物候] 花期 5 月；果期 10 月。

[分布] 产盈江；云南南部和东南部；印度东北部。

[生境] 生于海拔 840~1500 m 的密林中，也见于疏林。

川八角莲

Dysosma delavayi (Franch.) Hu

［形态］多年生草本，高 20~65 cm；根状茎短而横走，须根较粗壮；叶 2，对生，纸质，盾状，轮廓近圆形，直径 22 cm，四至五深裂几达中部，裂片楔状长圆形，先端三浅裂；伞形花序具花 2~6，着生于 2 叶柄交叉处；萼片 6，长圆状倒卵形，花瓣 6，紫红色，长圆形；浆果椭圆形，长 3~5 cm，直径 3~3.5 cm，熟时鲜红色。

［物候］花期 4~5 月；果期 6~9 月。

［分布］产盈江；云南、四川、贵州。

［生境］生于海拔 1200~2500 m 的山谷林下、沟边或阴湿处。

毛茛科 **Ranunculaceae** 国家Ⅱ级保护植物 CR(极危)

云南黄连 云连 鸡脚黄连

Coptis teeta Wall.

[形态] 多年生草本；根状茎黄色，节间密，生多数须根；叶具长柄，叶片卵状三角形，长 6~12 cm，宽 5~9 cm，三全裂，中央全裂片卵状菱形，宽 3~6 cm，基部有长 1.4 cm 的细柄，顶端长渐尖，3~6 对羽状深裂；多歧聚伞花序具花 3~4(~5)；萼片黄绿色，椭圆形，长 7.5~8 mm，花瓣匙形，长 5.4~5.9 mm；心皮 11~14，花柱外弯；蓇葖长 7~9 mm，宽 3~4 mm。

[物候] 花期 2~3 月。

[分布] 产梁河、芒市、盈江；云南西北部、西藏东南部；缅甸。

[生境] 生于海拔 1500~2300 m 的高山寒湿的林荫下，野生或有时栽培。

山龙眼科 **Proteaceae**

中国珍稀濒危保护植物名录III级保护
EN(濒危)

瑞丽山龙眼

罗罗李 老母猪果

Helicia shweliensis W. W. Sm.

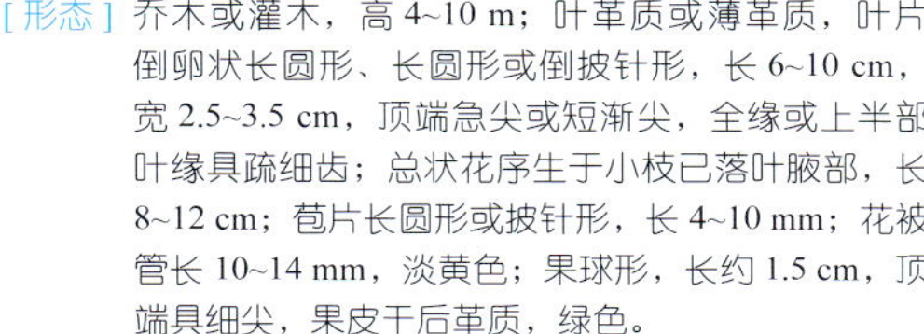

[形态] 乔木或灌木，高 4~10 m；叶革质或薄革质，叶片倒卵状长圆形、长圆形或倒披针形，长 6~10 cm，宽 2.5~3.5 cm，顶端急尖或短渐尖，全缘或上半部叶缘具疏细齿；总状花序生于小枝已落叶腋部，长 8~12 cm；苞片长圆形或披针形，长 4~10 mm；花被管长 10~14 mm，淡黄色；果球形，长约 1.5 cm，顶端具细尖，果皮干后革质，绿色。

[物候] 花期 8~9 月；果期 10~12 月。

[分布] 产全州各县市；云南西南部和中部。

[生境] 生于海拔 (300~)1800~2800 m 的山地密林或疏林中。

[备注] 模式标本采自瑞丽（龙川江河谷）。

潞西山龙眼

Helicia tsaii W. T. Wang

[形态] 乔木，高 6~10 m；叶坚纸质或近革质，叶片长圆状披针形或倒卵状长圆形，长 11~18 cm，顶端急尖或短渐尖，全缘或边缘具疏生细锯齿；总状花序，长 12~15 cm；花被管长 12~15 mm，白色，无毛；花药长 2~3 mm；子房无毛；果扁球形，直径约 3 cm，果皮干后树皮质，厚 1.5 mm。

[物候] 花期 2~4 月；果期 6~7 月。

[分布] 产梁河、陇川、芒市、瑞丽。

[生境] 生于海拔 1400~1950(~2100) m 的山地湿润阔叶林中。

[备注] 模式标本采自芒市。

山龙眼科 **Proteaceae** 中国珍稀濒危保护植物名录III级保护

假山龙眼

Heliciopsis henryi (Diels) W. T. Wang

[形态] 乔木，高 5~15 m；叶薄革质，幼树叶分裂，成株不裂，叶片倒披针形或长圆形，长 15~24 cm，宽 4~8 cm，顶端短钝尖或圆钝；叶柄长 1~1.5 cm；花序生于小枝已落叶腋部；雄花序长 17~30 cm，被疏毛，雌花序长 15~20 cm；果椭圆状，长 3.5~4.5 cm，直径 2.5~3 cm，顶端钝，基部圆钝，外果皮革质。

[物候] 花期 4~5 月；果期 10 月至翌年 5 月。

[分布] 产陇川、芒市、瑞丽、盈江；云南南部。

[生境] 生于海拔 930~1500 m 的山地或沟谷热带湿润常绿阔叶林中。

水青树

Tetracentron sinense Oliv.

[形态] 落叶乔木，全株无毛；叶互生，叶片纸质，卵状心形、宽卵形或卵状椭圆形，长 7~10 cm，宽 4~8 cm，先端渐尖，基部心形，边缘具细锯齿，齿端具腺点，基出掌状脉 5~7 条；叶柄长 2~3 cm；穗状花序下垂，多花，长 10~15 cm；花小，黄绿色，直径 1~2 mm，常 4 朵成一簇；花被片 4，卵圆形，长 1~1.5 mm；雄蕊与花被片对生，长约为其 2 倍；心皮 4 枚，花柱 4；蓇葖果长椭圆形，长 3~5 mm；种子 4~6，条形。

[物候] 花期 6~7 月；果期 9~10 月。

[分布] 产芒市、盈江；陕西南部、甘肃东南部、四川、重庆、湖北西部、河南西部；尼泊尔、缅甸北部。

[生境] 生于海拔 1600~2200 m 的沟谷或山坡阔叶林中，与天师栗、连香树等多种树混生。

[备注] 本种传统上置于水青树科。

五桠果

Dillenia indica L.

[形态] 常绿乔木，高达 25 m；树皮红褐色，平滑；叶大，互生，薄革质，矩圆形，侧脉 25~56 对，两面突起，边缘有明显锐利锯齿；叶柄具狭翅；花单生于枝顶叶腋内，直径约 12~20 cm；萼片 5 个，肥厚肉质，近于圆形；花瓣白色，倒卵形；雄蕊多数，离生，排成两轮，发育完全；心皮 16~20 个，花柱线形，顶端向外弯；果实圆球形，直径 10~15 cm，不开裂，宿存萼片肥厚，稍增大。

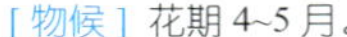

[物候] 花期 4~5 月。

[分布] 产芒市；广东、云南；印度、缅甸、中南半岛、马来西亚。

[生境] 生于山谷溪旁水湿润地带。

小花五桠果

Dillenia pentagyna Roxb.

[形态] 常绿乔木，高 25 m；树皮红褐色，大块薄片状脱落；叶互生，薄革质，长圆形或倒卵状长圆形，长 15~40 cm，宽 7~14 cm，先端近于圆形，侧脉 25~56 对；花单生于枝顶叶腋内，直径 12~20 cm，花梗粗壮；萼片 5，肥厚；花瓣白色，倒卵形，长 7~9 cm；雄蕊发育完全，外轮数目很多，内轮较少且比外轮长，无退化雄蕊；心皮 16~20；果实圆球形，直径 10~15 cm，不开裂。

[物候] 花期 4~5 月。

[分布] 产盈江；云南南部；印度、中南半岛至东南亚。

[生境] 生于低海拔的次生灌丛及草地上。

德宏葡萄瓮

Cyphostemma dehongense L. M. Lu & V. C. Dang

[形态] 木质大藤本；老茎呈圆柱状，直径可达 14 cm，树皮质软有深裂痕；卷须与叶对生，二分叉，幼嫩枝被短绒毛。掌状复叶，中间小叶呈卵圆形或椭圆形，长 10~15，宽 6~9 cm，侧生小叶长 7.5~12 cm，宽 5~7 cm，叶片背面明绿色或粉红色，正面深绿色，两面均被短绒毛；多歧聚伞花序，腋生或假顶生，长 10~26 cm；花 4 数，花瓣黄绿色，长 4~6 mm；雄蕊 4，花药椭圆形；浆果球形，直径 2~3 cm；种子卵圆形或倒卵球形。

[物候] 花期 2~3 月；果期 3~5 月。

[分布] 产盈江。

[生境] 生于海拔 700~1000 m 的林缘。

豆科 **Fabaceae**

中国珍稀濒危保护植物名录III级保护
VU(易危)

顶果树

树顶豆 格郎央

Acrocarpus fraxinifolius Wight ex Arn.

[形态] 乔木，高可达 30 m；二回羽状复叶互生，长 30~40 cm，下部的叶具羽片 3~8 对，顶部的为一回羽状复叶，叶轴和羽轴被黄褐色微柔毛，变秃净，小叶 4~8 对，对生，近革质，卵形或卵状长圆形，长 7~13 cm，宽 4~7 cm；总状花序腋生，长 20~25 cm，具密集的花；萼片 5，花瓣 5，雄蕊 5，与花瓣互生，花丝长，远伸出于花冠外；荚果扁平，长 8~15 cm，宽 1~2 cm，紫褐色，沿腹缝线具狭翅。

[物候] 花期 10~12 月；果期 3~5 月。

[分布] 产陇川、芒市、瑞丽、盈江；云南、广西；老挝、泰国、缅甸、印度、斯里兰卡、印度尼西亚。

[生境] 生于海拔 1000~1200 m 的疏林中。

[备注] 本种在哈钦松系统中置于苏木科（云实科）。

豆科 **Fabaceae** 云南省Ⅲ级保护植物

紫矿 紫铆树

Butea monosperma (Lam.) O. Kuntze

[形态] 乔木，高 10~20 m；树皮灰黑色；奇数羽状复叶具 3 小叶，小叶厚革质，不同形，顶生的宽倒卵形或近圆形，长 14~17 cm，宽 12~15 cm，侧生的长卵形或长圆形，长 11.5~16 cm；总状或圆锥花序腋生或生于无叶枝的节上；花萼长 1~1.2 cm，外面密被紧贴的褐色或黑褐色绒毛；花冠橘红色，后渐变黄色；荚果扁长圆形，长 12~15 cm，宽 3.5~4 cm。

[物候] 花期 3~4 月。

[分布] 产芒市；云南南部至西南部；印度、斯里兰卡、越南、缅甸。

[生境] 生于林中，路旁潮湿处。

[备注] 本种在哈钦松系统中置于蝶形花科。

黑黄檀 版纳黑檀

Dalbergia fusca Pierre

[形态] 乔木；奇数羽状复叶互生，长 10~15 cm；托叶早落；小叶 (3~)5~6 对，革质，卵形或椭圆形，长 2~4 cm，宽 1.2~2 cm，先端圆或凹缺；圆锥花序腋生或腋下生，长 4~5 cm；花萼钟状，萼齿 5；花冠白色，旗瓣阔倒心形，翼瓣椭圆形，龙骨瓣弯拱；雄蕊 10 或 9，单体；荚果长圆形至带状，长 6~10 cm，宽 9~15 mm。

[物候] 花期 4~5 月；果期 11 月成熟。

[分布] 产瑞丽、盈江；云南；越南、缅甸。

[生境] 生于海拔 300~600 m 的林中。

[备注] 本种在哈钦松系统中置于蝶形花科。

豆科 **Fabaceae** 国家Ⅱ级保护植物 VU(易危)

格木

斗登风 孤坟柴 赤叶柴

Erythrophleum fordii Oliv.

[形态] 乔木，高达 10 m；叶互生，二回羽状复叶，无毛，羽片通常 3 对，对生或近对生，长 20~30 cm，每羽片有小叶 8~12；小叶卵形或卵状椭圆形，长 5~8 cm，宽 2.5~4 cm，基部圆形，两侧不对称；由穗状花序所排成的圆锥花序长 15~20 cm；萼钟状，裂片长圆形；花瓣 5，淡黄绿色；雄蕊 10，长为花瓣的 2 倍；荚果长圆形，扁平，长 10~18 cm，宽 3.5~4 cm，厚革质，有网脉。

[物候] 花期 5~6 月；果期 8~10 月。

[分布] 产瑞丽；广西、广东、福建、台湾、浙江；越南。

[生境] 生于山地密林或疏林中。

厚果崖豆藤

厚果鸡血藤 冲天子 苦檀子

Millettia pachycarpa Benth.

[形态] 巨大藤本，长达 15 m，幼株直立如小乔木；奇数羽状复叶互生，长 30~50 cm；叶柄长 7~9 cm；小叶 6~8 对，草质，长圆状椭圆形至长圆状披针形，长 10~18 cm，宽 3.5~4.5 cm，先端锐尖，侧脉 12~15 对；总状圆锥花序，2~6 枝生于新枝下部，长 15~30 cm，密被褐色绒毛；花萼杯状，密被绒毛；花冠淡紫色；荚果深褐黄色，肿胀，果瓣木质，甚厚，迟裂，有种子 1~5；种子黑褐色，肾形或挤压呈棋子形。

[物候] 花期 4~6 月；果期 6~11 月。

[分布] 产陇川、芒市、瑞丽、盈江；浙江、江西、福建、台湾、湖南、广东、广西、四川、贵州、西藏；缅甸、泰国、越南、老挝、孟加拉国、印度、尼泊尔、不丹。

[生境] 生于海拔 2000 m 以下的山坡常绿阔叶林内。

[备注] 本种在哈钦松系统中置于蝶形花科。

豆科 **Fabaceae** 云南省Ⅲ级保护植物 CR(极危)

云南无忧花 缅无忧花

Saraca griffithiana Prain

［形态］乔木，高达 18 m；奇数羽状复叶；小叶 4~6 对，纸质，长圆形或倒卵状长圆形，长 23~36 cm，宽 6.5~10 cm，先端圆钝，侧脉 11~12 对；花序腋生，有密而短小的分枝，开放时略呈圆球形；苞片和小苞片卵形；花多数，密集，萼管短于花梗，裂片卵形，花瓣缺；雄蕊 4，长约 3 cm；果带状条形。

［物候］花果期 3~8 月。

［分布］产盈江；云南西部；缅甸。

［生境］生于海拔 300~1200 m 的高山密林或疏林中，山谷或溪边。

［备注］本种在哈钦松系统中置于苏木科（云实科）。

任豆 任木

Zenia insignis Chun

[形态] 乔木，高 15~20 m；树皮粗糙，成片状脱落；奇数羽状复叶，长 25~45 cm；小叶薄革质，长圆状披针形，长 6~9 cm，宽 2~3 cm，基部圆形，顶端短渐尖或急尖，边全缘；圆锥花序顶生；花红色，长约 14 mm；萼片厚膜质，长圆形；花瓣稍长于萼片，长约 12 mm；雄蕊的花丝长 3 mm，被微柔毛，花药长 6 mm；荚果长圆形或椭圆状长圆形，红棕色，长约 10 cm，有时可达 15 cm；种子圆形，棕黑色。

[物候] 花期 5 月；果期 6~8 月。

[分布] 产盈江；广东、广西；越南。

[生境] 生于海拔 200~950 m 的山地密林或疏林中。

[备注] 本种在哈钦松系统中置于苏木科（云实科）。

高盆樱桃 冬樱花

Cerasus cerasoides (D. Don) Sok.

[形态] 乔木，高 3~10 m；枝幼时绿色；老枝灰黑色，叶片卵状披针形或长圆披针形，长 (4~)8~12 cm，宽 (2.2~)3.2~4.8 cm；叶柄长 1.2~2 cm；托叶线形；总苞片大形；花序梗长 1~1.5 cm，花 1~3，伞形排列，与叶同时开放；苞片近圆形；花梗长 1~2 cm，果期长 3 cm；萼筒钟状，常红色；萼片三角形；花瓣卵圆形；雄蕊 32~34，短于花瓣；核果圆卵形，长 12~15 mm，直径 8~12 mm，熟时紫黑色。

[物候] 花期 10~12 月。

[分布] 产全州各县；西藏南部至东南部；克什米尔地区、尼泊尔、不丹、缅甸北部。

[生境] 生于海拔 1300~2200 m 的沟谷密林中。

大花香水月季

Rosa odorata var. **gigantea** (Crép.) Rehd. & Wils.

[形态] 常绿或半常绿攀缘灌木，有长匍匐枝，枝粗壮；小叶 5~9，连叶柄长 5~10 cm；小叶片椭圆形、卵形或长圆卵形，长 2~7 cm，宽 1.5~3 cm；托叶大部贴生于叶柄；花单生或 2~3，直径 5~8 cm；花梗长 2~3 cm；萼片全缘，稀有少数羽状裂片，披针形；花瓣芳香，白色或带粉红色，倒卵形；心皮多数；花柱离生，伸出花托口外，约与雄蕊等长；果实呈压扁的球形，稀梨形，外面无毛，果梗短。

[物候] 花期 6~9 月。

[分布] 产盈江；江苏、浙江、四川、云南有栽培。

[生境] 生于海拔 700 m 以上的林缘灌丛。

大麻科 **Cannabaceae**

菲律宾朴树

Celtis philippensis Blanco

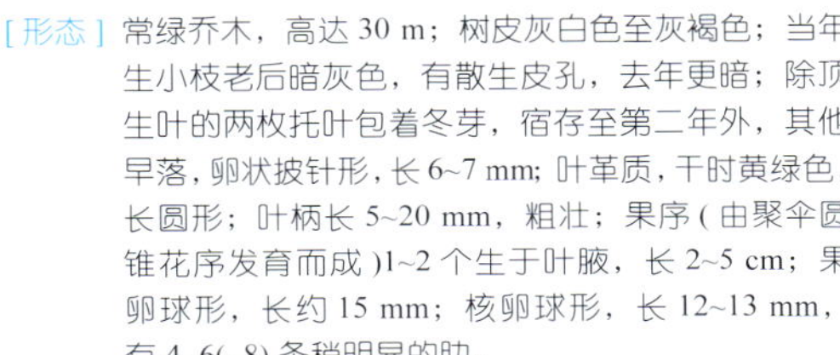

[形态] 常绿乔木，高达 30 m；树皮灰白色至灰褐色；当年生小枝老后暗灰色，有散生皮孔，去年更暗；除顶生叶的两枚托叶包着冬芽，宿存至第二年外，其他早落，卵状披针形，长 6~7 mm；叶革质，干时黄绿色，长圆形；叶柄长 5~20 mm，粗壮；果序(由聚伞圆锥花序发育而成)1~2 个生于叶腋，长 2~5 cm；果卵球形，长约 15 mm；核卵球形，长 12~13 mm，有 4~6(~8) 条稍明显的肋。

[物候] 花期 2~3 月；果期 5~10 月。

[分布] 产盈江；云南南部、台湾南部；印度南部、斯里兰卡、越南南部、印度尼西亚。

[生境] 生于海拔 500~1000 m 的石灰岩季雨林中。

[备注] 本种传统上置于榆科。

中国珍稀濒危保护植物名录III级保护
VU(易危)

见血封喉 箭毒木

Antiaris toxicaria Lesch.

[形态] 乔木，高 25~40 m，胸径 30~40 cm，大树偶见有板根；树皮灰色；小枝幼时被棕色柔毛；叶椭圆形至倒卵形，幼时被浓密的长粗毛，成长之叶长椭圆形，长 7~19 cm，宽 3~6 cm；叶柄短，长 5~8 mm；托叶披针形，早落；雄花序托盘状，宽约 1.5 cm；雄花花被裂片 4，稀为 3；雌花单生；核果梨形，具宿存苞片，成熟的核果，直径 2 cm，鲜红至紫红色；种子无胚乳，外种皮坚硬。

[物候] 花期 3~4 月；果期 5~6 月。

[分布] 产盈江；广东、海南、广西、云南南部；斯里兰卡、印度、缅甸、泰国、中南半岛、马来西亚、印度尼西亚。

[生境] 生于海拔 1500 m 以下雨林中。

火麻树

树火麻 电树 麦郭罕(傣语)

Dendrocnide urentissima (Gagnep.) Chew

[形态] 乔木，高 3~15 m，胸径 8~20 cm；树皮灰白色，皮孔椭圆形；小枝浑圆，中空；叶大，生于枝的顶端，纸质，心形，长 15~25 cm，宽 12~22 cm；叶柄长 7~15 cm；托叶宽三角状卵形，长约 1 cm；花序雌雄异株，生小枝近顶部叶腋，长圆锥状；雄花序具短梗，长约 20 cm；雌花序长 50 cm；雄花近无梗，在芽时直径 2 mm；花被片 5，卵形；雄蕊 5；瘦果近圆形，歪斜，压扁，长约 3 mm。

[物候] 花期 9~10 月（广西），1~2 月（云南）；果期 10~12 月（广西），4~5 月（云南）。

[分布] 产芒市、瑞丽、盈江；云南南部至东南部、广西西南部；越南。

[生境] 生于海拔 800~1300 m 石灰岩山的混交林中。

荨麻科 Urticaceae　　中国珍稀濒危保护植物名录Ⅲ级保护 VU(易危)

锥头麻　香甜锥头麻

Poikilospermum suaveolens (Blume) Merr.

[形态] 攀缘灌木；小枝粗约 1 cm，无毛或被短柔毛；叶革质，宽卵形、椭圆形或倒卵形，长 10~35 cm，宽 7~23 cm；叶柄长 5~10 cm；托叶新月形，长约 3 cm；花序雌雄异株，雄花序长 4~6 cm，宽 2~5 cm；雌花序长 4~8 cm，宽 5~8 cm；雄花无梗，长约 2 mm；花被片 4；雄蕊 4；雌花具梗，长约 3 mm；花梗长 5~10 mm；瘦果长 3~5 mm；花梗果时增长，约为果的 3 倍。

[物候] 花期 4 月；果期 5~6 月。

[分布] 产盈江；云南南部；印度、中南半岛、马来半岛、加里曼丹、爪哇、菲律宾。

[生境] 生于海拔 500~600 m 山谷林中或林缘的潮湿地方。

四数木

裸花四数木 埋泵姆(傣语)

Tetrameles nudiflora R. Br.

[形态] 落叶大乔木，高25~45 m，枝下高20~35 m，树干通直，胸径80~120 cm；树皮表面灰色，粗糙；分枝少而粗大；叶心形，心状卵形或近圆形，长10~26 cm，宽9~20 cm；叶柄圆柱状，长3~7(~20) cm；雄花微香；苞片匙形，长约1 mm；花萼长1.5~2 mm；雌花组成穗状花序，长8~20 cm；蒴果圆球状坛形，长4~5 mm，成熟时棕黄色；种子细小，多数。

[物候] 花期3月上旬至4月中旬；果期4月下旬至5月下旬。

[分布] 产瑞丽、盈江；云南南部；印度、斯里兰卡、缅甸、越南、马来半岛、印度尼西亚、澳大利亚。

[生境] 生于海拔500~700 m的石灰岩山雨林或沟谷雨林中。

华斜翼

Plagiopteron chinense X. X. Chen

[形态] 藤本或蔓性灌木；叶对生，叶片膜质，卵形或卵状长圆形，长 8~15 cm，宽 4~9 cm，先端急锐尖，基部圆形或微心形，全缘，侧脉 5~6 对；圆锥花序生枝顶叶腋，通常比叶片为短，花序轴被茸毛；萼片 3，披针形，长约 2 mm，被茸毛；花瓣 3，长卵形，长 4 mm，两面被茸毛；雄蕊长 5 mm，花药球形，纵裂；子房被褐色长茸毛。

[物候] 果期 10 月。

[分布] 产盈江；云南西北部。

[生境] 生于海拔 2400 m 的森林中。

[备注] 本种现被归入斜翼 *Plagiopteron suaveolens* Griff.，且传统上置于椴树科。

圆叶猴欢喜

Sloanea rotundifolia H. T. Chang

[形态] 乔木，高 15 m；叶互生，叶片硬革质，近于圆形或阔椭圆形，长 11~14 cm，宽 8~10 cm，先端圆形，有时宽而略钝，正面绿色，干后稍发亮，无毛，背面被褐色茸毛，中脉干后在上下两面均突起，侧脉 7~9 对；花绿白色，花瓣先端具齿；蒴果 4 爿裂开，果柄长 2 cm，被毛，果爿长 2.8 cm，宽 1 cm，厚 2~3 mm，针刺长 8~10 mm。

[物候] 果期 8~10 月。

[分布] 产陇川、芒市、瑞丽、盈江；云南南部、贵州南部、广西西南部。

[生境] 生于密林中。

[备注] 本种现被归入贡山猴欢喜 *Sloanea sterculiacea* (Benth.) Rehder & E. H. Wilson。

锯叶竹节树

Carallia diphopetala Hand.-Mazz.

[形态] 乔木，高达 13 m；树皮灰色；枝和小枝有明显而不规则的木栓质的皮孔；叶长圆形，长 8.5~11 cm，宽 2.5~3 cm；叶柄长 3~4 mm，带褐色；花序二歧分枝，有粗壮而长 5 mm 的总花梗；苞片褐色，阔卵形，微小；花蕾时无梗，有树脂；花萼圆形，七裂；花瓣玫瑰红色，为花萼裂片的 2 倍，2 轮排列；雄蕊 14 或 7，生于花瓣上，如仅 7 枚时则内轮花瓣上无雄蕊；花柱短于花萼。

[物候] 花期秋末冬初。

[分布] 产瑞丽、盈江；广西南部。

[生境] 生于海拔 730 m 的山地。

大果藤黄

Garcinia pedunculata Roxb.

[形态] 乔木，高约 20 m；树皮厚，栓皮状；叶片坚纸质，椭圆形，倒卵形或长圆状披针形，长 (12~)15~25(~28) cm，宽 7~12 cm；花杂性，异株，4 基数；雄花序顶生，直立，圆锥状聚伞花序，长 8~15 cm，有花 8~12；花瓣黄色，长方状披针形，长 7~8 mm；雌花通常成对或单生于枝条顶端；果大，成熟时扁球形，两端凹陷，直径 11~20 cm，黄色，有种子 8~10；种子肾形，假种皮多汁。

[物候] 花期 8~12 月；果期 12 月至翌年 1 月。

[分布] 产盈江；云南、西藏东南部；孟加拉国。

[生境] 生于海拔 250~1500 m 的低山坡地潮湿的密林中。

云南藤黄

Garcinia yunnanensis Hu

[形态] 乔木，高达 20 m，胸径约 30 cm；枝条粗壮；叶片纸质，倒披针形、倒卵形或长圆形，长 (5~)9~16 cm，宽 2~5 cm；叶柄长 1~2 cm；花杂性，异株；雄花为顶生或腋生的圆锥花序，长 8~10 cm；花直径 0.8~1 cm；花梗粗壮，长 3~5 mm；花瓣黄色，与萼片等长或稍长；雄蕊合生成 4 束，与花瓣对生；雌花序腋生，圆锥状，长约 10 cm；子房无柄，陀螺形，4 室；幼果椭圆形，外面光滑无棱。

[物候] 花期 4~5 月；果期 7~8 月。

[分布] 产陇川、芒市；云南西南部。

[生境] 生于海拔 1300~1600 m 的丘陵、坡地杂木林中。

铁力木

Mesua ferrea L.

[形态] 常绿乔木；叶对生，叶片硬革质，披针形或狭卵状披针形，长 6~10 cm，宽 2~4 cm，顶端渐尖或长渐尖至尾尖，基部楔形，正面暗绿色，微具光泽，背面通常被白粉，侧脉极多数，成斜向平行脉；花两性，1~2 顶生或腋生；萼片 4 枚，外方 2 枚较内方 2 枚略大；花瓣 4，白色，倒卵状楔形，长 3~3.5 cm；雄蕊极多数，分离；子房子房圆锥形，2 室，每室有直立胚珠 2 枚；果实球形或扁球形，成熟时长 2.5~3.5 cm，干后栗褐色，有纵皱纹。

[物候] 花期 3~5 月；果期 8~10 月。

[分布] 产全州各县市；云南西部和南部；南亚至东南亚广布。

[生境] 栽培于海拔 1000 m 以下的村边。

马蛋果

Gynocardia odorata R. Br.

[形态] 常绿乔木或大灌木，高 4~15 m；全株无毛；树皮棕褐色，不裂；小枝圆柱形；冬芽卵圆形；叶革质，长圆椭圆形，长 13~20 cm，宽 5~10 cm；叶柄长 1~3 cm；花黄色，芳香，直径 3~4 cm；花萼杯状，五裂；花瓣 5；雄花：雄蕊多数；雌花：比雄花大，有退化雄蕊 10~15；子房 1 室；浆果淡黄褐色，球形，直径 5~6 cm；果皮厚，木质化，表面粗糙；种子多数，倒卵形，长约 2.4 cm。

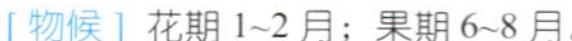

[物候] 花期 1~2 月；果期 6~8 月。

[分布] 产盈江；云南西部和东南部、西藏东南部；印度、缅甸。

[生境] 生于海拔 1000~1100 m 的潮湿山谷疏林中。

[备注] 本种传统上置于大风子科。

大叶龙角

马蛋果 马菠萝

Hydnocarpus annamensis (Gagnep.) M. Lescot & Sleum.

[形态] 常绿乔木，高 8~25 m；树皮灰褐色；小枝圆柱形；冬芽卵球形；叶薄革质，椭圆状长圆形，长 10~29 cm，宽 4~10 cm；叶柄长 1~2 cm；花单生或 2~3 朵组成聚伞状；花梗长 3~5 mm；雄花：深绿色；萼片 4~5，圆形，长约 5 mm；花瓣 4~5，与萼片同形；雄蕊多数；雌花：淡绿色，直径约 1.4 cm；花瓣 8, 近圆形；子房卵圆形，微有 8 棱；浆果近球形，直径 4~6 cm；种子多数。

[物候] 花期 4~6 月；果期全年。

[分布] 产瑞丽、盈江；云南南部、广西南部；越南。

[生境] 生于潮湿的山坡、溪边灌丛中。

[备注] 本种传统上置于大风子科。

光叶天料木

Homalium laoticum var. **glabratum** C. Y. Wu

[形态] 乔木，高 6~20；树皮粗糙；小枝圆柱形，棕褐色；叶互生，叶片薄革质至厚纸质，椭圆形至长圆形，长 10~18 cm，宽 4.5~8 cm，边缘全缘或具极疏钝齿，两面无毛；花多数，4~6 朵簇生而排成腋生总状花序，长 10~20 cm；花梗短，长 3~5 mm；萼筒陀螺状，长约 1 mm，萼片 5~6；花瓣 5~6，线状长圆形；雄蕊 4~6，花丝无毛；花盘腺体 7~10，与萼片对生。

[物候] 花期 4~6 月。

[分布] 产盈江；云南南部。

[生境] 生于海拔 300~1000 m 的季节雨林中。

[备注] 本种现被归入斯里兰卡天料木 *Homalium ceylanicum* (Gardn.) Benth.，且传统上置于大风子科或天料木科。

亚麻科 **Linaceae**　　　　云南省Ⅲ级保护植物

异腺草

Anisadenia pubescens Griff.

[形态] 多年生草本，高 15~35 cm；茎不分枝或分枝；叶纸质，长椭圆形或卵形，长 9~45 mm，宽 5~25 mm，背面光绿色，叶面干后表面棕色，背面灰绿色；叶柄长 2~10 mm，茎下部叶的叶柄较长；穗状总状花序，长 4~11 cm；花瓣 5，白色或淡紫色；雄蕊 5；退化雄蕊 5，线形，长约 1 mm；花柱 3，长于雄蕊；子房 3 室，无毛；蒴果膜质，具 1 种子。

[物候] 花期 6~9 月。

[分布] 产陇川、盈江；云南、西藏；印度东北部。

[生境] 生于海拔 1600~3200 m 的路边山地、山坡、阔叶林下、云南松林下或灌木丛林下。

云南黏木

Ixonanthes cochinchinensis Pierre

[形态] 乔木，高达 30 m；小枝灰褐色，光亮；叶互生，革质；叶片椭圆形或狭椭圆形；叶柄长 1.5~2 cm，两侧具不明显的翅；二歧聚伞花序着生于小枝上部叶腋，与叶近等长；花梗长 5~8 mm，每梗具长约 1 mm 的钻状苞片；萼片卵形，长 3~4 mm；花瓣白色或淡绿色，阔卵形，长于萼片 1~1.5 倍，雄蕊 10；子房近球形；蒴果狭长圆形，褐棕色，长 2.5~3 cm，宽 1~1.2 cm；种子长圆形，长约 1 cm。

[物候] 花期 4~5 月；果期 6~9 月。

[分布] 产盈江；云南南部。

[生境] 生于海拔 1000 m 以下的平原或低山常绿阔叶林中。

[备注] 本种现被归入黏木 *Ixonanthes reticulata* Jack。

使君子科 **Combretaceae** 中国珍稀濒危保护植物名录III级保护

榆绿木

Anogeissus acuminata (Roxb. ex DC.) Wall. ex Guillem. & Perr.

Anogeissus acuminata var. *lanceolata* Wall. ex C. B. Clarke

[形态] 乔木，高达 20 m，胸径 1 m；枝纤细，略下垂；叶对生或近对生，叶片狭披针形至卵状披针形，长 5~8 cm，宽 2~3 cm；叶柄圆柱形，长 2~6 mm；萼管长 2~2.5 mm；花瓣缺；雄蕊 10，着生于萼管上，2 轮，上轮对萼片，下轮与萼片互生；花盘被长毛；子房下位，1 室；坚果，组成头状果序，果长约 4 mm，连翅宽 5 mm；种子 1，长圆形。

[物候] 花果期 1~5 月。

[分布] 产盈江；云南南部；越南、老挝、柬埔寨、缅甸。

[生境] 生于海拔 700 m 的石灰岩地区，为落叶林中优势种之一。

萼翅藤

Getonia floribunda Roxb.

Calycopteris floribunda (Roxb.) Lam.

[形态] 披散蔓生藤本，高 5~10 m 或更高，枝纤细，直径约 5 mm；叶对生，叶片革质，卵形或椭圆形，长 5~12 cm，宽 3~6 cm；总状花序，腋生和聚生于枝的顶端，形成大型聚伞花序，长 5~15 cm；花小，两性；苞片卵形或椭圆形，长 2~3 mm；花萼杯状；花瓣缺；雄蕊 10，2 轮列，5 枚与花萼对生，5 枚生于萼裂之间；假翅果，长约 8 mm；种子 1，长 5~6 mm。

[物候] 花期 3~4 月；果期 5~6 月。

[分布] 产盈江；越南、老挝、柬埔寨、马来西亚、缅甸、泰国、孟加拉国、印度。

[生境] 生于海拔 300~600 m 的季雨林中或林缘常见。

使君子科 **Combretaceae**　　云南省Ⅲ级保护植物 EN(濒危)

小花使君子

Quisqualis conferta (Jack) Exell

[形态] 大藤本；小枝黄褐色，被锈色柔毛；叶对生，叶片纸质，长圆形，长 5~8 cm，宽 2~3 cm；叶柄粗短，长 3~4 mm；穗状花序，密集；苞片叶状，宽披针形，长 5~10 mm；萼管长 17~24 mm，萼齿三角状披针形；雄蕊 10，花药长 0.8 mm，无花盘；子房下位，1 室；果卵形，长约 2.5 cm，有光泽，无毛，具明显的棱，成熟时黑色；种子 1。

[物候] 花期 1 月。

[分布] 产芒市；云南；南亚至东南亚。

[生境] 生于海拔 400~1050 m 的密林湿地。

千果榄仁

大马缨子花 千红花树

Terminalia myriocarpa Van Huerck & Müll. Arg.

[形态] 常绿乔木，高达 25~35 m，具大板根；小枝圆柱状；叶对生，厚纸质；叶片长椭圆形，长 10~18 cm，宽 5~8 cm；叶柄较粗，长 5~15 mm；大型圆锥花序，顶生或腋生，长 18~26 cm；花极小，极多数，两性，红色；小苞片三角形；萼筒杯状，长 2 mm；雄蕊 10，突出；具花盘；瘦果细小，极多数，有 3 翅，其中 2 翅等大，1 翅特小，长约 3 mm，连翅宽 12 mm。

[物候] 花期 8~9 月；果期 10 月至翌年 1 月。

[分布] 产芒市、瑞丽、盈江；云南中部至南部、广西、西藏东南部；越南北部、泰国、老挝、缅甸北部、马来西亚、印度东北部。

[生境] 生于海拔 300~800 m 的河谷。

千屈菜科 **Lythraceae**

中国珍稀濒危保护植物名录III级保护
EN(濒危)

云南紫薇

居间紫薇

Lagerstroemia intermedia Koehne

[形态] 乔木，高达 12 m，除花序外，全部无毛；枝圆柱形；芽卵球形；叶近对生，纸质至薄革质，椭圆形或长圆状椭圆形，稀椭圆状倒卵形，长 7~18 cm，宽 4~8 cm；叶柄长 1.2~1.5 cm；顶生圆锥花序长 10~15 cm；花梗长 1~1.5 cm；花萼杯形，长 1.5 cm，被褐色或带白色粉末状短毛；花瓣近菱形，连爪长 2.5 cm；雄蕊约 130；蒴果近球形，直径约 2 cm。

[物候] 花期 5 月。

[分布] 产盈江；云南西部。

[生境] 生于海拔 800 m 以下的杂木林中。

隐翼木科 **Crypteroniaceae**

中国珍稀濒危保护植物
名录III级保护

隐翼木 隐翼

Crypteronia paniculata Blume

[形态] 乔木，高 12~30 m，胸径约 50 cm；枝条扁圆，有皮孔及纵纹；叶对生，宽椭圆形至披针形，长 7~17 cm，宽 3~7 cm；叶柄长 5~7 mm；总状花序腋生，细长而柔弱，长 20~25 cm；花白色或乳白绿色，细小而极多，可达 150 余朵，密集；无花瓣；雄花的雄蕊 5；雌花的雄蕊花丝短；蒴果扁圆球形，直径 2 mm，果梗长约 1 mm；种子椭圆形，扁，微小而极多。

[物候] 花期 7~8 月；果期 9~11 月。

[分布] 产盈江；云南西部、南部至东南部；老挝、越南、马来西亚、印度、印度尼西亚、菲律宾。

[生境] 生于海拔 350~1300 m 的山谷、疏林潮湿沟谷雨林及季雨林。

瘿椒树科 **Tapisciaceae**　　中国珍稀濒危保护植物名录III级保护

瘿椒树

银鹊树

Tapiscia sinensis Oliv.

[形态] 落叶乔木，高 8~15 m；树皮灰黑色或灰白色；小枝无毛；奇数羽状复叶，长 30 cm；小叶 5~9，狭卵形或卵形，长 6~14 cm，宽 3.5~6 cm；圆锥花序腋生，雄花与两性花异株；雄花序长 25 cm，两性花的花序长约 10 cm；花小，长约 2 mm，黄色，有香气；两性花：花萼钟状，长约 1 mm，五浅裂；花瓣 5，狭倒卵形，比萼稍长；雄蕊 5，与花瓣互生，伸出花外；子房 1 室；雄花有退化雌蕊；果序长 10 cm。

[物候] 果期 11 至翌年 3 月。

[分布] 产梁河、瑞丽、盈江；浙江、安徽、湖北、湖南、广东、广西、四川、云南、贵州。

[生境] 生于山地林中。

[备注] 本种传统上置于省沽油科。

国家Ⅱ级保护植物
LC(无危)

十齿花 十萼花

Dipentodon sinicus Dunn

[形态] 落叶或半常绿灌木或小乔木，高 3~11 m；叶纸质，披针形或窄椭圆形，长 7~12 cm，宽 2~4 cm；叶柄长 7~10 mm；聚伞花序近圆球状；花序梗长 2.5~3.5 cm；小花梗长 3~4 mm；总苞片 4~6，卵形，早落；花白色，直径 2~3 mm；花萼花冠密接，萼片与花瓣均为 5(~7)；花盘肉质，浅杯状；雄蕊 5(~7)；子房具短花柱；蒴果窄椭圆卵状；种子黑褐色，卵状。

[物候] 花果期 4~9 月。

[分布] 产盈江；贵州、广西、云南南部。

[生境] 生于海拔 900~3200 m 的山坡沟边、溪边和路旁。

漆树科 **Anacardiaceae** 国家II级保护植物 EN(濒危)

林生杧果

Mangifera sylvatica Roxb.

[形态] 常绿乔木，高 6~20 m；树皮灰褐色，厚，不规则开裂；叶纸质至薄革质，披针形至长圆状披针形，长 15~24 cm，宽 3~5.5 cm；叶柄长 3~7 cm；圆锥花序长 15~33 cm；花白色，花梗纤细，长 3~18 mm；萼片卵状披针形，长约 3.5 mm，宽约 1.5 mm；花瓣披针形或线状披针形，长约 7 mm，宽 1~5 mm；雄蕊仅 1 个发育；子房球形，直径约 1.5 mm；核果斜长卵形，长 6~8 cm，最宽处 4~5 cm。

[物候] 花果期 3~8 月。

[分布] 产芒市、瑞丽、盈江；云南南部；尼泊尔、印度、孟加拉国、缅甸、泰国、柬埔寨。

[生境] 生于海拔 620~1900 m 的山坡或沟谷林中。

无患子科 **Sapindaceae** 云南省Ⅲ级保护植物

澜沧七叶树

Aesculus lantsangensis Hu & Fang

[形态] 落叶乔木；树皮灰褐色；小枝圆柱形或近顶端部分现棱角，深紫色或紫绿色；冬芽顶生，卵圆形；鳞片 6，覆叠，紫色；叶为掌状复叶，长 15~18 cm；小叶 7，纸质，长圆椭圆形或长圆倒披针形，稀近于披针形；小叶脉网状，小叶柄紫褐色；花序顶生，比较狭窄的圆筒形，基部直径 5 cm；花杂性，雄花与两性花同株；花萼钟形或管状钟形，长 5 mm；花瓣 4；雄蕊 7；子房未详；花梗长 3~5 mm；蒴果未详。

[物候] 花期 5 月。

[分布] 产陇川、芒市、盈江；云南西南部。

[生境] 生于海拔 1500 m 的丛林中。

[备注] 本种现被归入长柄七叶树 *Aesculus assamica* Griff.，且传统上置于七叶树科。

无患子科 Sapindaceae

中国珍稀濒危保护植物名录III级保护
VU(易危)

云南七叶树

Aesculus wangii Hu

[形态] 落叶乔木，高达 20 m；树皮灰褐色，粗糙；小枝圆柱形，紫褐色；冬芽卵圆形或近于球形，长 1 cm，栗褐色，有树脂；叶为掌状复叶；小叶 5~7，纸质，椭圆形至长椭圆形，稀倒披针形；花序顶生，圆筒形，基部直径 12~14 cm；花杂性，雄花与两性花同株；花萼管状，长 6~8 mm；花瓣 4；雄蕊 5~6，有时 7，长短不等；蒴果扁球形稀倒卵形，长 4.5~5 cm，直径 6~7.5 cm；种子常仅 1 粒发育，近球形。

[物候] 花期 4~5 月；果期 10 月。

[分布] 产陇川、芒市、瑞丽、盈江；云南东南部。

[生境] 生于海拔 900~1700 m 的林中。

[备注] 本种现被归入长柄七叶树 *Aesculus assamica* Griff.，且传统上置于七叶树科。

无患子科 **Sapindaceae** 国家Ⅱ级保护植物 VU(易危)

龙眼

圆眼 桂圆 羊眼果树

Dimocarpus longan Lour.

[形态] 常绿乔木，高通常10 m；小枝粗壮；叶连柄长15~30 cm或更长；小叶4~5对，很少3或6对，薄革质，长圆状椭圆形至长圆状披针形；侧脉12~15对；小叶柄长通常不超过5 mm；花序大型；花梗短；萼片近革质，三角状卵形，长约2.5 mm；花瓣乳白色，披针形；果近球形，直径1.2~2.5 cm，通常黄褐色或有时灰黄色；种子茶褐色，光亮。

[物候] 花期春夏间；果期夏季。

[分布] 产盈江；云南、广东、广西有野生或半野生居群，华南地区广泛栽培。

[生境] 生于海拔250~500 m的河边、林缘。

芸香科 **Rutaceae** 国家Ⅱ级保护植物 LC(无危)

川黄檗 黄柏

Phellodendron chinense Schneid.

[形态] 树高达 15 m；成年树有厚、纵裂的木栓层；小枝粗壮，暗紫红色；叶轴及叶柄粗壮，有小叶 7~15，小叶纸质，长圆状披针形或卵状椭圆形，长 8~15 cm，宽 3.5~6 cm，两侧通常略不对称，边全缘或浅波浪状；小叶柄长 1~3 mm；花序顶生，花通常密集；果多数密集成团，果的顶部略狭窄的椭圆形或近圆球形，直径约 1 cm 或大的达 1.5 cm，蓝黑色；种子 5~8，稀 10，长 6~7 mm，厚 5~4 mm。

[物候] 花期 5~6 月；果期 9~11 月。

[分布] 产盈江；湖北、湖南西北部、四川东部。

[生境] 生于海拔 900 m 以上的杂木林中。

粗枝崖摩 红椤

Amoora dasyclada (F. C. How & T. C. Chen) C. Y. Wu

Aglaia dasyclada F. C. How & T. C. Chen

[形态] 乔木，高 8~25 m；小枝粗壮；叶互生，长 25~40 cm；小叶 7~15，对生或近对生，侧脉每边 12~14 条；小叶柄粗壮，长 1~1.5 cm；圆锥花序腋生，短于叶但超过叶长之半；花球形，直径 3~4 mm；花梗极短，长 1~3 mm；花萼杯状，高约 1 mm；花瓣 3，近球形，内凹，长 3~3.5 mm；雄蕊管近球形，长约 2 mm；子房 5 室；蒴果密被微小的星状鳞片，未熟时椭圆形，成熟时近球形，直径 3.5~4 cm。

[物候] 花期 6~7 月；果期 10 月至翌年 4 月。

[分布] 产盈江；海南、云南。

[生境] 生于山地沟谷雨林中。

云南崖摩

Amoora yunnanensis (H. L. Li) C. Y. Wu

Aglaia yunnanensis H. L. Li

[形态] 乔木，高 5~13 m；幼枝被黄色鳞片；叶长 (25~)35~40 cm；小叶 5~9，互生，纸质，椭圆形至椭圆状披针形，长 8~20(~25) cm，宽 (2~)4~6(~7.5) cm；小叶柄长 5~15 mm；圆锥花序腋生，疏散，雄花序长 11~15 cm，柔弱，纤细；花直径 3~5 mm；花瓣 3，宽卵形或圆形，长约 4 mm；雄蕊管长 2~3 mm；子房密被鳞片；果倒卵状球形，长 1.5~2 cm；种子 2~3，有红色的假种皮。

[物候] 花期 3~5 月和 7~9 月；果花后逐渐成熟。

[分布] 产芒市、盈江、芒允；云南南部、广西南部。

[生境] 生于常绿阔叶林、疏林或灌木林中。

红椿　红楝子 双翅香椿 毛红椿

Toona ciliata Roem.

[形态] 大乔木，高可达 20 m；叶为偶数或奇数羽状复叶，长 25~40 cm，通常有小叶 7~8 对；叶柄长约为叶长的 1/4，圆柱形；小叶对生或近对生，纸质，长圆状卵形或披针形，长 8~15 cm，宽 2.5~6 cm；小叶柄长 5~13 mm；圆锥花序顶生，约与叶等长或稍短；花长约 5 mm；花萼短，五裂；花瓣 5，白色，长圆形，长 4~5 mm；雄蕊 5；蒴果长椭圆形，木质，干后紫褐色，长 2~3.5 cm；种子两端具翅，翅扁平。

[物候] 花期 4~6 月；果期 10~12 月。

[分布] 产全州各县市；福建、湖南、广东、广西、四川、云南；印度、中南半岛、马来西亚、印度尼西亚。

[生境] 生于低海拔沟谷林中或山坡疏林中。

锦葵科 Malvaceae　　云南省Ⅲ级保护植物

长果木棉

Bombax insigne var. **tenebrosum** (Dunn) A. Robyns

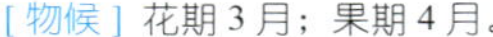

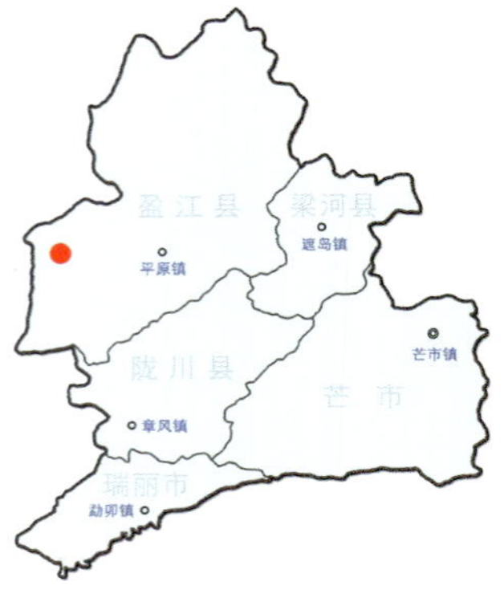

[形态] 落叶大乔木，高达 20 m；树干无刺；幼枝具刺或否；小叶 5~9，近革质，倒卵形或倒披针形，短渐尖；叶柄长于叶片，小叶柄长 1.2~1.6 cm；花单生于落叶枝的近顶端；萼长 3.8~5 cm，厚革质，坛状球形，不明显的分裂；花瓣肉质，长圆形或线状长圆形，钝、舟状内凹，长 10~15 cm，宽 3 cm，红色、橙色或黄色；雄蕊极多数，雄蕊管长 1.2 cm；子房 5 室；蒴果栗褐色，长圆筒形。

[物候] 花期 3 月；果期 4 月。

[分布] 产盈江；云南西部至南部；印度安达曼群岛、缅甸、老挝、越南。

[生境] 生于海拔 500~1000 m 的石灰岩山林内。

[备注] 本种传统上置于木棉科。

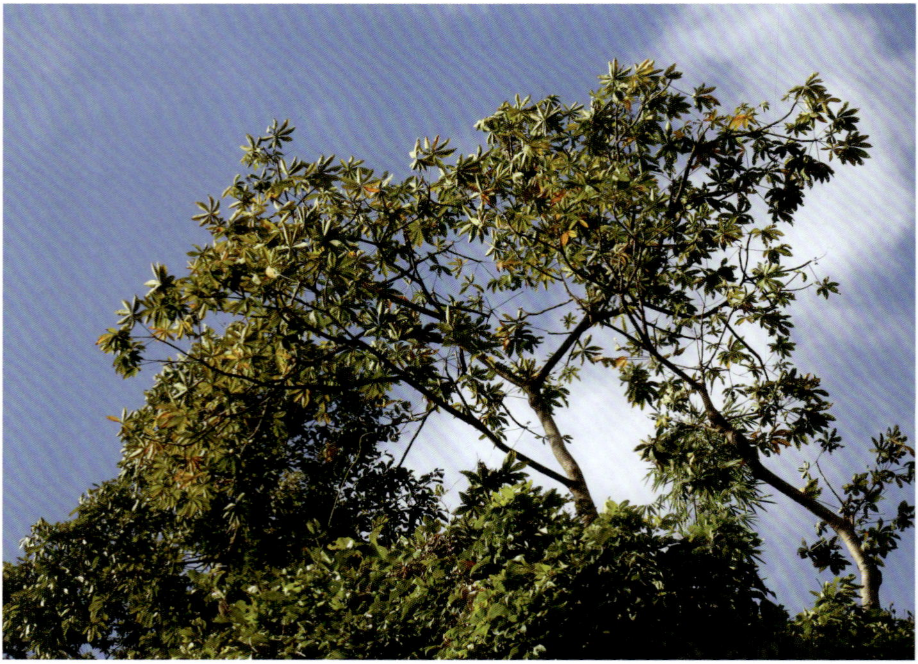

大萼葵

Cenocentrum tonkinense Gagnep.

[形态] 落叶灌木，高 2~4 m，全株密被星状长刺毛或单毛，毛长约 4 mm；叶掌状五至九浅裂，直径 7~20 cm；托叶卵形，长约 6 mm，早落；花单生；花梗长 5~10 cm；小苞片 4，叶状，卵形，长约 2.5 cm；花萼膨大，钟状，直径 5 cm，长 3~4 cm；花黄色，内面基部紫色，直径约 10 cm，花瓣长约 8 cm；雄蕊柱长约 3.5 cm；蒴果近球形，直径 3.5~4 cm；种子肾形，长约 3 mm，直径约 2 mm，灰褐色，具褐色瘤点。

[物候] 花期 9~11 月。

[分布] 产梁河、芒市、瑞丽；云南南部；越南、老挝。

[生境] 生于海拔高 750~1600 m 的沟谷、疏林或草丛中。

国家Ⅱ级保护植物
德宏极小种群　EN(濒危)

滇桐

Craigia yunnanensis Sm. & Evans

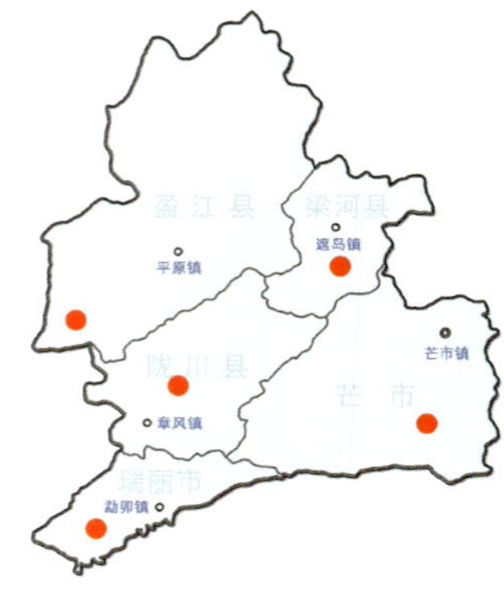

[形态] 落叶乔木，高 6~20 m；嫩枝无毛，顶芽有灰白色毛；叶纸质，椭圆形，长 10~20 cm，宽 5~11 cm；叶柄长 1.5~5 cm；聚伞花序腋生，长约 3 cm，有花 2~5；花柄有节；萼片 5，长圆形，长约 1 cm，外面被毛；花瓣缺；外轮雄蕊退化，10，内轮能育雄蕊 20，比萼片短；子房无毛，5 室，每室有胚珠 6 颗；具翅蒴果椭圆形，长 3.5 cm，宽 2.5~3 cm；种子长约 1 cm。

[物候] 果期 4~5 月。

[分布] 产全州各县市；云南南部、贵州南部、广西西南部。

[生境] 生于海拔 1000~1600 m 的河边。

[备注] 本种传统上置于椴树科。模式标本采自瑞丽。

火桐

彩色梧桐

Firmiana colorata (Roxb.) R. Br.

Erythropsis colorata (Roxb.) Burkill

[形态] 落叶乔木，高达 15 m；嫩枝干时灰黑色；叶亚革质，广心形，长 17.5~25 cm，宽 18~20 cm，中间的裂片长约 5 cm；基生脉 5~7 条，小脉在两面均凸出，几乎互相平行；叶柄长 10~15 cm；聚伞花序作圆锥花序式排列，长 7 cm；花梗长 4~5 mm；萼漏斗状，基部近楔形，长 2 cm，宽 7~8 mm；雄花的雌雄蕊柄长 10~12 mm；雌花的子房 5 室；蓇葖果有柄，膜质；种子圆球形，黑色，直径约 6 mm。

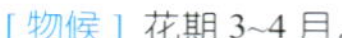

[物候] 花期 3~4 月。

[分布] 产陇川、芒市、盈江；云南南部；印度、斯里兰卡、缅甸、越南、泰国。

[生境] 生于海拔 720~950 m 的山坡上。

[备注] 本种传统上置于梧桐科。

中国珍稀濒危保护植物名录 II 级保护
EN(濒危)

云南梧桐

Firmiana major (W. W. Sm.) Hand.-Mazz.

[形态] 落叶乔木，高达 15 m；树干直，树皮青带灰黑色，略粗糙；小枝粗壮；叶掌状三裂，长 17~30 cm，宽 19~40 cm，宽度常比长度大；圆锥花序顶生或腋生，花紫红色；萼五深裂几至基部，萼片条形或长圆状条形，长约 12 mm；雄花的雌雄蕊柄长管状；雌花的子房具长柄，子房 5 室；蓇葖果膜质，长约 7 cm，宽 4.5 cm；种子圆球形，直径约 8 mm，黄褐色。

[物候] 花期 6~7 月；果熟期 10 月。

[分布] 产陇川、芒市、盈江；云南、四川西部。

[生境] 生于海拔 1600~3000 m 的山地、村边。

[备注] 本种传统上置于梧桐科。

锦葵科 Malvaceae　　国家Ⅱ级保护植物 EN(濒危)

平当树

Paradombeya sinensis Dunn

[形态] 小乔木或灌木，高达 5 m；小枝柔弱；叶膜质，卵状披针形至椭几圆状倒披针形，长 5~12.5 cm，宽 1.5~5 cm；叶柄长 3~5 mm 或无柄；花簇生于叶腋；花梗柔弱，长 1~1.5 cm；小苞片披针形，早落；萼五裂几至基部，长 4 mm；花瓣 5，黄色，广倒卵形；雄蕊 15；蒴果近圆球形，长 2.5 mm，每果瓣有种子 1 个；种子长圆状卵形，长 1.5 mm，深褐色。

[物候] 花期 9~10 月。

[分布] 产盈江；云南、四川南部。

[生境] 生于海拔 280~1500 m 山坡上的稀树灌丛草坡中。

[备注] 本种传统上置于梧桐科。

国家Ⅱ级保护植物
德宏极小种群　CR(极危)

景东翅子树

Pterospermum kingtungense C. Y. Wu ex Hsue

[形态] 乔木，高达 12 m；树皮褐色；叶革质，倒梯形或长圆状倒梯形，长 8~13.5 cm，宽 4.5~6 cm；叶柄长约 1 cm；托叶卵形，全缘，鳞片状，长 4 mm；花单生于叶腋，几无柄，直径 7 cm；小苞片卵形，全缘；萼分裂几至基部，萼片 5，条状狭披针形，长 4.5 cm，宽 1.1 cm；花瓣 5，白色，斜倒卵形，长 4.8 cm，宽 2.8 cm；退化雄蕊条状棒形，长 3.5 cm；雌雄蕊柄长 6 mm；子房卵圆形。

[物候] 果期 10~12 月。

[分布] 产瑞丽、盈江；云南景东。

[生境] 生于海拔 1430 m 的草坡上。

[备注] 本种传统上置于梧桐科。

龙脑香科 **Dipterocarpaceae**

国家Ⅰ级保护植物
VU(易危)

东京龙脑香

盈江龙脑香 云南龙脑香

Dipterocarpus retusus Blume

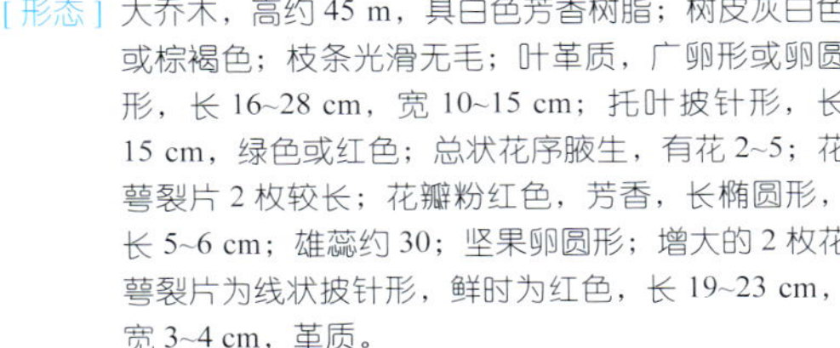

[形态] 大乔木，高约 45 m，具白色芳香树脂；树皮灰白色或棕褐色；枝条光滑无毛；叶革质，广卵形或卵圆形，长 16~28 cm，宽 10~15 cm；托叶披针形，长 15 cm，绿色或红色；总状花序腋生，有花 2~5；花萼裂片 2 枚较长；花瓣粉红色，芳香，长椭圆形，长 5~6 cm；雄蕊约 30；坚果卵圆形；增大的 2 枚花萼裂片为线状披针形，鲜时为红色，长 19~23 cm，宽 3~4 cm，革质。

[物候] 花期 5~6 月；果期 12~1 月。

[分布] 产瑞丽、盈江；云南东南部、西藏东南部；印度、缅甸、泰国、老挝、越南、马来西亚、印度尼西亚。

[生境] 生于海拔 1100 m 以下潮湿的沟谷雨林及石灰山密林中。

龙脑香科 **Dipterocarpaceae**

中国珍稀濒危保护植物名录Ⅱ级保护

CR(极危)

云南娑罗双

Shorea assamica Dyer

[形态] 乔木，高 40~50 m；树皮深褐色或灰褐色，呈不规则的鳞片状剥落；小枝密被灰黄色茸毛，具圆形皮孔；叶近革质，全缘；叶柄长约 1 cm；托叶长圆形或镰状卵形，长约 2 cm，具纵脉 10~11；花萼裂片 5，覆瓦状排列；花瓣 5，黄白色，旋转排列，长椭圆形；雄蕊 30，两轮排列；果实具增大的 3 长 2 短的翅或近等长的翅，长的为线状长圆形，长 8~10 cm，宽约 1.5 cm。

[物候] 花期 6~7 月；果期 12~1 月。

[分布] 产盈江；西藏东南部；印度、缅甸、马来西亚、印度尼西亚、菲律宾。

[生境] 生于海拔 1000 m 以下的低热河谷地区。

尖叶铁青树

Olax acuminata Wall. ex Benth.

[形态] 小乔木，高达 5 m，小枝黄绿色或黄褐色，老枝黄褐色；叶纸质或厚纸质，长椭圆形或卵状披针形，长 6~10 cm，宽 2.5~3.5 cm；中脉在叶正面平，在叶背面凸起；叶柄长 0.3~0.7 cm；花 3~8，排成总状花序状的蝎尾状聚伞花序；花萼筒小，浅杯状或碟状；能育雄蕊 3，与花瓣对生，退化雄蕊 6，略长于能育雄蕊；核果长圆球形或卵球形，直径 1.5~1.8 cm，成熟时橙红色。

[物候] 花期 3~5 月；果期 4~9 月。

[分布] 产盈江；云南西南部；印度、不丹、缅甸。

[生境] 生于海拔 500 m 附近的季雨林下。

蓼科 **Polygonaceae** 国家Ⅱ级保护植物 LC(无危)

金荞麦

天荞麦 赤地利 苦荞头

Fagopyrum dibotrys (D. Don) Hara

[形态] 多年生草本；根状茎木质化，黑褐色；茎直立，高 50~100 cm，分枝，具纵棱，无毛；叶三角形，长 4~12 cm，宽 3~11 cm，顶端渐尖，基部近戟形；叶柄长可达 10 cm；花序伞房状，顶生或腋生；苞片卵状披针形；花梗中部具关节；花被 5 深裂，白色，花被片长椭圆形，长约 2.5 mm，雄蕊 8，比花被短，花柱 3，黑褐色，超出宿存花被 2~3 倍。

[物候] 花期 7~9 月；果期 8~10 月。

[分布] 产全州各县市；陕西、华东、华中、华南、西南；印度、尼泊尔、克什米尔地区、越南、泰国。

[生境] 生于海拔 250~3200 m 的山谷湿地、山坡灌丛。

石竹科 **Caryophyllaceae** 国家Ⅱ级保护植物 EN(濒危)

金铁锁 昆明沙参 独钉子 土人参 金丝矮坨坨

Psammosilene tunicoides W. C. Wu & C. Y. Wu

[形态] 多年生草本；根长倒圆锥形，棕黄色，肉质；茎铺散，平卧；叶片卵形，长 1.5~2.5 cm，宽 1~1.5 cm，基部宽楔形或圆形；三歧聚伞花序密被腺毛；花直径 3~5 mm；花萼筒状钟形，长 4~6 mm，密被腺毛，萼齿三角状卵形；花瓣紫红色，狭匙形，长 7~8 mm，全缘；雄蕊明显外露；子房狭倒卵形；蒴果棒状，长约 7 mm；种子狭倒卵形。

[物候] 花期 6~9 月；果期 7~10 月。

[分布] 产梁河、盈江；四川、云南、贵州、西藏。

[生境] 生于海拔 2000~3800 m 的砾石山坡或石灰质岩石缝中。

蓝果树科 **Nyssaceae** 国家Ⅱ级保护植物 LC(无危)

喜树 旱莲木 千丈树

Camptotheca acuminata Decne.

[形态] 落叶乔木，高达 20 m；树皮灰色或浅灰色；小枝圆柱形，平展；冬芽腋生，锥状；叶互生，纸质，长圆状卵形或长圆状椭圆形，长 12~28 cm，宽 6~12 cm；叶柄长 1.5~3 cm；头状花序近球形，直径 1.5~2 cm；花杂性，同株；苞片 3，三角状卵形，长 2.5~3 mm；花萼杯状，五浅裂；花瓣 5，淡绿色，长圆形或长圆状卵形；花盘显著；雄蕊 10；子房在两性花中发育良好，下位；翅果长圆形，长 2~2.5 cm。

[物候] 花期 5~7 月；果期 9 月。

[分布] 产全州各县市；江苏南部、浙江、福建、江西、湖北、湖南、四川、贵州、广东、广西、云南。

[生境] 生于海拔 1000 m 以下的林边或溪边。

蓝果树科 Nyssaceae

国家Ⅰ级保护植物 德宏极小种群
CR(极危)

云南蓝果树

毛叶紫树

Nyssa yunnanensis W. C. Yin

[形态] 大乔木，高 25~30 m，胸径约 1 m；树皮深褐色，常现小纵裂；小枝粗壮，直径 5 mm；叶厚纸质，椭圆形或倒卵形，稀长椭圆形，长 15~22 cm，宽 8~12 cm；叶柄粗壮，长 2~3 cm，近圆柱形；花单性，异株；雄花多数成伞形花序；花萼有萼片 5，卵形或三角状卵形，长约 0.5 mm；花瓣 5，近长椭圆形，长 2 mm，宽 1 mm；雄蕊 10；雌花未详；核果长卵圆形或近椭圆形，长 2 cm，宽 1 cm，直径 5 mm；种子稍扁。

[物候] 花期 3 月下旬；果期 9 月。

[分布] 产盈江；云南南部。

[生境] 生于海拔 500~1100 m 的山谷密林中。

滇藏榄 云南藏榄

Diploknema yunnanensis D. D. Tao, Z. H. Yang & Q. T. Zhang

[形态] 乔木，高 20~30 m；小枝被毛；叶柄长 2~5 cm；叶长圆状倒卵形，长 25~55 cm，宽 10~17 cm，革质，短渐尖；花 16~25 生于枝条先端叶腋，有香味，直径 2~2.4 cm；花柄长 5~6 cm；萼片 5~6 cm，黄绿色，卵形；花冠裂片 12~13，卵形；长 8~10 mm；雄蕊 80~90 或更多；子房盘状，直径 2~3 mm，10~12 室。

[物候] 花期 9 月。

[分布] 产陇川、盈江；西藏东南部。

[生境] 生于海拔 1000~1130 m 的林中或路边。

滇山茶　腾冲红花油茶

Camellia reticulata Lindl.

[形态] 灌木至小乔木，有时高达 15 m；叶阔椭圆形，长 8~11 cm，宽 4~5.5 cm，叶柄长 8~13 mm，无毛；花顶生，红色，直径 10 cm，无柄；苞片及萼片 10~11，组成长 2.5 cm 的杯状苞被；花瓣 6~7，红色；雄蕊长约 3.5 cm；子房有黄白色长毛，花柱长 3~3.5 cm；蒴果扁球形，高 4.5 cm，宽 5.5 cm，3 爿裂开，果爿厚 7 mm；种子卵球形，长约 1.5 cm。

[物候] 花期 11~12 月。

[分布] 产梁河、盈江；云南各地多栽培。

[生境] 生于海拔 1500 m 的微润山坡、谷地的疏林中。

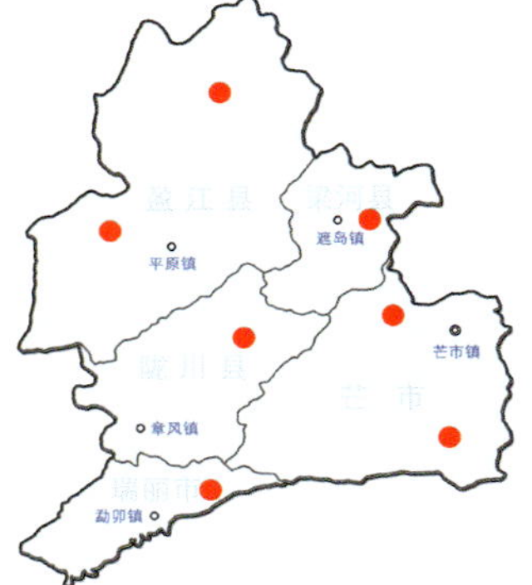

山茶科 **Theaceae** 国家Ⅱ级保护植物 VU(易危)

普洱茶 野茶树

Camellia sinensis var. **assamica** (Mast.) Kitam.

[形态] 大乔木，高达 16 m，胸径 90 cm；叶薄革质，椭圆形，长 8~14 cm，宽 3.5~7.5 cm；侧脉 8~9 对，叶柄 5~7 mm；花腋生，直径 2.5~3 cm；花柄长 6~8 mm；苞片 2，早落；萼片 5，近圆形，长 3~4 mm；花瓣 6~7，倒卵形，长 1~1.8 cm；雄蕊长 8~10 mm；子房 3 室，被茸毛；花柱长 8 mm；蒴果扁三角球形，直径约 2 cm；种子每室 1 个，近圆形，直径 1 cm。

[物候] 花期 11~12 月。

[分布] 产全州各县市；云南西南部、广东、广西、海南；缅甸、老挝、泰国、越南。

[生境] 生于海拔 1400 m 的山地疏林。

猴子木 五柱滇山茶

Camellia yunnanensis (Pitard) Coh. St.

[形态] 灌木至小乔木，高 7 m；叶革质，椭圆形至卵形，长 4~7 cm，宽 2~3.3 cm；侧脉 7~8 对；叶柄长 3~6 mm；花顶生，白色，直径 4~5 cm；苞片及萼片 8~9，最下部 2~3 阔卵形，长 2~3 mm；花瓣 8~12，长 2~3 cm；雄蕊长 1.5~2 cm；子房无毛或有疏毛，4~5 室；蒴果球形，直径 3.5~4 cm，每室有种子 1~2 粒；果爿四至五裂，厚 5~8 mm。

[物候] 花期 11~12 月。

[分布] 产盈江；云南、四川。

[生境] 生于海拔 2200~3200 m 的山地。

山茶科 **Theaceae**

叶萼核果茶 云南核果茶

Pyrenaria diospyricarpa Kurz

[形态] 乔木，嫩枝有黄褐色茸毛；叶薄革质，狭长椭圆形，长 9~14 cm，宽 3~5.5 cm，叶柄长 1 cm；花单生于枝顶叶腋；花柄长 6 mm；苞片 2，卵状三角形，长 3~20 mm，宽 2~8 mm；萼片 5，小叶状，长 12 mm；花瓣 5，革质，近圆形；雄蕊多数，4 轮；子房 5 室，有 5 条纵沟；花柱 5 条，离生；胚珠每室 2 个；核果椭圆形，长 4 cm，有 5 棱，顶端凹入。

[物候] 花期 7~9 月；果期 2~4 月。

[分布] 产芒市、瑞丽、盈江；云南南部；缅甸、泰国、越南。

[生境] 生于杂木林中。

安息香科 **Styracaceae** 德宏极小种群 EN(濒危)

茉莉果 拟野茉莉

Parastyrax lacei (W. W. Sm.) W. W. Sm.

[形态] 乔木，高达 15 m；嫩枝粗壮，灰褐色；叶纸质至革质，椭圆形至椭圆状长圆形，长 8~18 cm，宽 3~5 cm；叶柄长 1~1.5 cm；总状花序或聚伞花序，紧缩成穗状，长 3~4 cm；花梗短，长约 2 mm；小苞片线形，早落；花淡黄色，长约 1 cm；花萼杯状，极短，高约 1 mm，上部宽约 2 mm；花冠裂片膜质，宽披针形，长 7~8 mm，宽 3~4 mm；雄蕊 10；核果椭圆形或倒卵形，长约 3 cm，宽约 1 cm。

[物候] 花期 1~3 月；果期 6~8 月。

[分布] 产瑞丽；陇川、盈江；云南西南部；缅甸。

[生境] 生于海拔 800~1500 m 的林中。

安息香科 **Styracaceae**　　中国珍稀濒危保护植物名录Ⅱ级保护

木瓜红　野草果

Rehderodendron macrocarpum Hu

[形态] 小乔木，高 7~10 m，胸径约 20 cm；树皮灰黑色；小枝紫红色，老枝灰黄色或灰褐色；叶纸质至薄革质，长卵形、椭圆形或长圆状椭圆形，长 9~13 cm，宽 4~5.5 cm；叶柄长 1~1.5 cm；总状花序有花 6~8；花白色；花梗长 3~10 mm；花萼高约 4 mm，宽约 3 mm；雄蕊长者较花冠稍长，短者与花冠近相等；果实长圆形或长卵形，长 3.5~9 cm，宽 2.5~3.5 cm；种子长圆状线形，栗棕色，长 2~2.5 cm。

[物候] 花期 3~4 月；果期 7~9 月。

[分布] 产盈江；四川、云南、广西。

[生境] 生于海拔 1000~1500 m 密林中。

缅甸树萝卜

Agapetes burmanica W. E. Evans

[形态] 附生常绿灌木，高 1.5~2 m；根膨大成块状或萝卜状；幼枝具棱，麦秆色，直径约 4 mm，老枝直径 1 cm，深褐色；叶假轮生，叶片革质，长圆状披针形，长 22~25 cm，宽 4.5~6 cm；叶柄无或长 2~3 mm，褐色；总状花序短，生于老枝上；花梗长 2.6~3.5 cm；花萼长 1.5~1.7 cm，裂片狭三角形，长 1~1.2 cm；花冠圆筒形，长 5~6 cm，直径 0.7~1.1 cm；雄蕊长 5.6 cm；果熟时大，花萼宿存。

[物候] 花期 9~12 月；果期 12 月至翌年 1 月。

[分布] 产梁河、瑞丽、盈江；云南南部、西藏东南部；至缅甸北部。

[生境] 生于海拔 720~1460 m 的石灰岩疏林或灌丛中，或林中树上。

[备注] 本种在哈钦松系统中置于越橘科。

杜鹃花科 **Ericaceae**

国家 I 级保护植物
德宏极小种群　CR(极危)

大树杜鹃

Rhododendron protistum
var. **giganteum** (Forrest ex Tagg) Chamb. ex Cullen & Chamb.

[形态] 常绿乔木，高 5~10 m；幼枝粗壮；叶大，革质，长圆状披针形，长 20~45 cm，宽 7~20 cm，基部宽楔形，侧脉 23~26 对，老叶背面毛被疏松，淡棕色，不脱落；顶生总状伞形花序，有花 20~30，总轴长约 6 cm；苞片长圆状倒卵形；花萼小，长 2~3 mm；花冠斜钟形，长 7~8 cm，深紫红色，无斑点，裂片 8，近圆形；蒴果圆柱形，被黄棕色绒毛，长 4 cm，直径 1.2 cm。

[物候] 花期 3~5 月。

[分布] 产梁河；云南西部；缅甸东北部。

[生境] 生于海拔 2800~3300 m 的混交林中。

定心藤 甜果藤

Mappianthus iodoides Hand.-Mazz.

[形态] 木质藤本；幼枝深褐色，被黄褐色糙伏毛；卷须粗壮；叶长椭圆形至长圆形，稀披针形，长 8~17 cm，宽 3~7 cm；叶柄长 6~14 mm，圆柱形；雄花序交替腋生，长 1~2.5 cm；小苞片极小；花梗长 1~2 mm，粗约 0.5 mm；花萼杯状，长 1.5~2 mm；花冠黄色，长 4~6 mm；雄蕊 5；雌蕊不发育；雌花序交替腋生，长 1~1.5 cm；退化雄蕊 5，长约 2 mm；核果椭圆形，长 2~3.7 cm，宽 1~1.7 cm；种子 1。

[物候] 花期 4~8 月，雌花较晚；果期 6~12 月。

[分布] 产瑞丽、盈江；湖南、福建、广东、广西、贵州、云南南部及东南部；越南北部。

[生境] 生于海拔 800~1800 m 的疏林、灌丛及沟谷林内。

茜草科 **Rubiaceae** 云南省III级保护植物

土连翘

网膜木 梅宋戈(傣语)

Hymenodictyon flaccidum Wall.

[形态] 落叶乔木，高 6~20 m；树皮灰色；叶纸质或薄革质，倒卵形、卵形、椭圆形或长圆形，长 10~26 cm，宽 7~15 cm；叶柄长 2.5~9 cm；总状花序腋生，长 10~30 cm；叶状苞片革质，卵形或长圆形，长 4~8.5 cm，宽 2~3 cm；花小；花萼长约 2 mm；花冠红色，长约 4 mm；蒴果倒垂，很多，生在长 30 cm 的果序上，椭圆状卵形，长约 1.5 cm，宽 0.5~0.8 cm，褐色，有灰白色斑点；种子多数，扁平。

[物候] 花期 5~7 月；果期 8~11 月。

[分布] 产盈江；云南西北部和西南部、广西西部和西南部、四川西南部；印度北部、尼泊尔、不丹、越南北部。

[生境] 生于海拔 300~3000 m 处的山谷或溪边的林中或灌丛中。

石丁香

藏丁香 石老虎 石参

Neohymenopogon parasiticus (Wall.) S. S. R. Bennet

[形态] 附生多枝小灌木，高 0.3~2 m；枝常弯曲，常生根；叶纸质或膜质，椭圆状披针形、倒披针形或倒卵形，长 5~25 cm，宽 1.5~11 cm；叶柄长 0.4~2 cm；托叶宽卵形或近圆形，长 8~12 mm；花序大，顶生，疏散，长 18 cm，宽 24 cm；叶状苞片长圆形，长 3~10 cm，宽 1.5~3.3 cm；花梗长 0.8~1.2 cm；花冠白色，长 2.5~7 cm，高脚碟状；雄蕊内藏；蒴果长圆形；种子多数，叠生。

[物候] 花期 6~8 月；果期 9~12 月。

[分布] 产盈江；云南、西藏南部；印度北部、尼泊尔、不丹、缅甸、泰国、越南。

[生境] 生于海拔 1250~2700 m 处的山谷林中或灌丛中，常附生于树上或岩石上。

裂果金花

Schizomussaenda henryi (Hutch.) X. F. Deng & D. X. Zhang

[形态] 大灌木，高 7~8 m；嫩枝被糙伏毛；叶薄纸质，倒披针形，长圆状倒披针形或卵状披针形，长 10~17 cm，宽 2.5~6 cm；侧脉约 10 对；叶柄长 1 cm；托叶二裂，长 4 mm；穗形蝎尾状聚伞花序顶生，多花，下部总花梗结果前长 9 cm；花近无梗；苞片宿存或早落，狭窄，长约 3 mm；花叶卵状披针形，宽卵形或极常为卵形；蒴果倒卵圆形或椭圆状倒卵形，长 8 mm；种子小，有棱角，覆有小窝点及沟槽。

[物候] 花期 5~10 月；果期 7~12 月。

[分布] 产梁河、陇川、芒市、盈江；云南、广东、广西；中南半岛。

[生境] 生于林中。

蛇根木

印度萝芙木 印度蛇根木

Rauvolfia serpentina (L.) Benth. ex Kurz

[形态] 灌木，高 50~60 cm；茎麦秆色，直径约 5 mm，节间长 1~4 cm；叶集生于枝的上部，对生、三叶或四叶轮生，稀为互生，椭圆状披针形或倒卵形，短渐尖或急尖，基部狭楔形或渐尖，长 7~17 cm，宽 2~5.5 cm；叶柄长 1~1.5 cm；伞形或伞房状的聚伞花序，长 3~13 cm；总花梗、花梗、花萼和花冠筒均红色；花冠高脚碟状；雄蕊着生在花冠筒的中部；核果成对，红色，近球形，合生至中部。

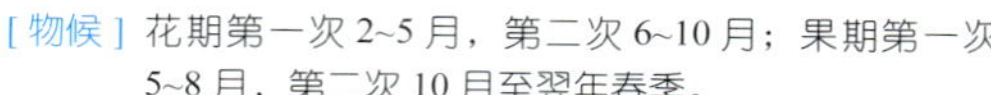

[物候] 花期第一次 2~5 月，第二次 6~10 月；果期第一次 5~8 月，第二次 10 月至翌年春季。

[分布] 产瑞丽、盈江；云南南部；印度、斯里兰卡、缅甸、泰国、印度尼西亚、大洋洲各岛。

[生境] 生于海拔 450~930 m 的季雨林中。

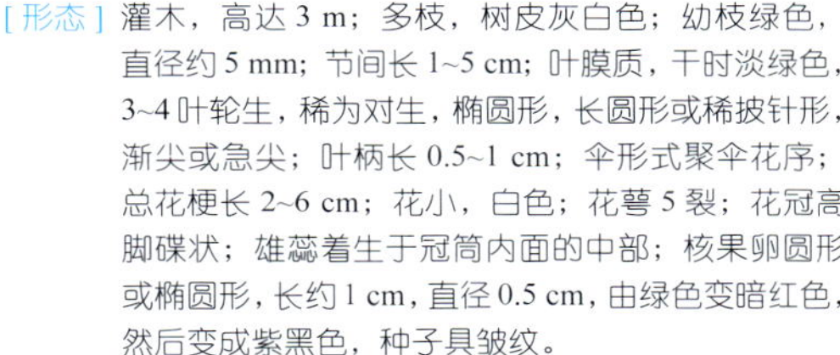

萝芙木

Rauvolfia verticillata (Lour.) Baill.

[形态] 灌木，高达 3 m；多枝，树皮灰白色；幼枝绿色，直径约 5 mm；节间长 1~5 cm；叶膜质，干时淡绿色，3~4 叶轮生，稀为对生，椭圆形，长圆形或稀披针形，渐尖或急尖；叶柄长 0.5~1 cm；伞形式聚伞花序；总花梗长 2~6 cm；花小，白色；花萼 5 裂；花冠高脚碟状；雄蕊着生于冠筒内面的中部；核果卵圆形或椭圆形，长约 1 cm，直径 0.5 cm，由绿色变暗红色，然后变成紫黑色，种子具皱纹。

[物候] 花期 2~10 月；果期 4 月至翌年春季。

[分布] 产梁河、芒市、瑞丽、盈江；西南、华南及台湾；越南。

[生境] 生于林边、丘陵地带的林中或溪边较潮湿的灌木丛中。

香茜

斗斛草 四角果

Carlemannia tetragona Hook. f.

[形态] 草本或亚灌木，高 0.5~1.5 m，干时芳香；茎下部常卧地，节上生根，嫩枝方柱形；叶薄纸质或膜质，椭圆形或卵形，两侧常不对称，长 3~15 cm，通常不超过 10 cm，宽 2~8 cm，通常不超过 5 cm；叶柄长 2~4 cm 或稍过之；聚伞花序伞房状，长 2~4 cm；花梗长 1~2.5 mm；花冠白色，喉部有黄斑，长不及 1 cm；蒴果阔金字塔形，直径 3.5~4.5 mm，宽度大于长度；种子有网纹。

[物候] 花期 7~9 月；果期 10~12 月。

[分布] 产陇川、瑞丽、盈江；云南东南部和南部、西藏东南部；缅甸、印度东北部。

[生境] 生于海拔 850~1500 m 处的密林中，尤以潮湿沟谷常见。

香茜科 **Carlemanniaceae** 云南省III级保护植物

蜘蛛花

Silvianthus bracteatus Hook. f.

[形态] 灌木，高 0.5~1 m；茎稍粗壮，近圆柱形，草质，直径约 3 mm，褐色；叶对生，叶片膜质，椭圆形，长 17~25 cm，宽 7.5~10.5 cm；叶柄纤细，长 2~7 cm，扁平；无托叶；聚伞花序腋生及顶生；苞片长圆形，长 5 mm，宽 3 mm；花梗长约 2 mm；萼筒倒圆锥形，长宽均 2~3 mm；花冠白色，漏斗状钟形，长约 1.2 cm；雄蕊 2，内藏；花盘大；蒴果半球形，近肉质，长宽均 6~7 mm；种子多数。

[物候] 花期春夏；果期秋冬。

[分布] 产瑞丽、盈江；景洪、勐腊；印度东北部、缅甸。

[生境] 生于海拔 700~900 m 处的林下。

厚边木樨 平顶桂花

Osmanthus marginatus (Champ. ex Benth.) Hemsl.

[形态] 常绿灌木或乔木，高 5~10 m，最高可达 20 m；叶片厚革质，宽椭圆形、狭椭圆形或披针状椭圆形，稀倒卵形，长 9~15 cm，宽 2.5~4 cm；叶柄长 1~2.5 cm；苞片卵形，长 2~2.5 mm；花梗长 1~2 mm；花萼长 1.5~2 mm；花冠淡黄白色、淡绿白色或淡黄绿色；雄蕊着生于花冠管上部；雌蕊长约 4.5 mm；果椭圆形或倒卵形，长 2~2.5 cm，直径 1~1.5 cm，绿色，成熟时黑色。

[物候] 花期 5~6 月；果期 11~12 月。

[分布] 产盈江；云南、安徽南部、浙江、江西、台湾、湖南、广东、广西、四川、贵州；琉球群岛。

[生境] 生于海拔 800~1800(~2600) m 的山谷、山坡密林中。

唇形科 **Lamiaceae**

中国珍稀濒危保护植物名录III级保护
EN(濒危)

思茅豆腐柴 接骨树

Premna szemaoensis Pei

[形态] 乔木，高 (4~)7~12 m；叶对生，叶片厚纸质，阔卵形或卵状椭圆形，长 8~18 cm，宽 6~14 cm，全缘或有不规则疏齿，侧脉 6~8 对；聚伞花序在枝顶排成伞房状，长 5~12 cm，宽 7~23 cm；花萼钟状，被短柔毛和淡黄色腺点；花冠淡绿白或淡黄色，长 3.5~4 mm，喉部密生一圈白色长柔毛；雄蕊与花柱均伸出花冠外；核果圆形至倒卵形，紫黑色。

[物候] 花果期 6~9 月。

[分布] 产瑞丽、盈江；云南南部。

[生境] 生于海拔 500~1500 m 比较干燥的疏林中。

[备注] 本种传统上置于马鞭草科。

唇形科 **Lamiaceae** 国家Ⅱ级保护植物 EN(濒危)

云南石梓 滇石梓 酸树

Gmelina arborea Roxb.

[形态] 落叶乔木，高达 15 m；树皮灰棕色，呈不规则块状脱落；幼枝、叶柄、叶背及花序均密被黄褐色绒毛；叶对生，叶片厚纸质，广卵形，长 8~19 cm，宽 4.5~15 cm，近基部有 2 至数个黑色盘状腺点，基出 3 脉；聚伞花序组成顶生的圆锥花序，总花梗长 15~30 cm；花萼钟状，长 3~5 mm；花冠长 3~4 cm，黄色，外面密被黄褐色绒毛，二唇形；核果椭圆形，长 1.5~2 cm。

[物候] 花期 4~5 月；果期 5~7 月。

[分布] 产盈江；云南南部；印度、孟加拉国、斯里兰卡、缅甸、泰国、老挝、马来西亚。

[生境] 生于海拔 1500 m 以下的路边、村舍及疏林中。

[备注] 本种传统上置于马鞭草科。

白菊木

Leucomeris decora Kurz

Gochnatia decora (Kurz) A. L. Cabrera.

[形态] 落叶小乔木，高 2~5 m；叶互生，叶片纸质，椭圆形或长圆状披针形，长 8~18 cm，宽 3~6 cm，边缘浅波状，具极疏的胼胝体状小齿，正面光滑，背面被绒毛；头状花序直径近 1 cm，近无梗或有短梗，通常 8~12 或更多复聚成复头状花序；总苞片 6~7 层，被绵毛；花先叶开放，白色，全部两性；瘦果圆柱形，长约 12 mm，具纵棱，密被倒伏的绢毛，冠毛淡红色，不等长。

[物候] 花期 3~4 月。

[分布] 产盈江；云南南部至西部；越南、泰国、缅甸。

[生境] 生于海拔 1100~1900 m 的山地林中。

五加科 **Araliaceae** 云南省Ⅱ级保护植物

常春木

Merrilliopanax chinensis Li

[形态] 常绿灌木；叶互生，叶片纸质，卵形至三角状卵形，长 6~11 cm，宽 4~9.5 cm，先端渐尖或尾状，边缘全缘或二至三浅裂，裂片卵状三角形；叶柄细长，长 5~13 cm；圆锥花序顶生，长约 12 cm，主轴及分枝疏生星状绒毛；伞形果序有果实 3~7；果梗长 3~4 mm；果实椭圆球形，直径 3~4 mm，宿存花柱 2，离生，先端反曲。

[物候] 果期 4~5 月。

[分布] 产芒市；云南西北部。

[生境] 生于海拔 1450 m 的森林中。

[备注] 本种现被归入长梗常春木 *Merrilliopanax membranifolius* (W. W. Sm.) C. B. Shang。

主要参考文献

傅立国. 1991. 中国植物红皮书: 稀有濒危植物 第一册. 北京: 科学出版社.

环境保护部，中国科学院. 2013. 中国生物多样性红色名录——高等植物卷.

刘世龙，赵见明. 2009. 云南德宏州高等植物(上、下册). 北京: 科学出版社.

杨宇明，杜凡. 2006. 云南铜壁关自然保护区科学考察研究. 昆明: 云南科技出版社.

中国科学院中国植物志编辑委员会. 1959~2004. 中国植物志(第1~80卷). 北京: 科学出版社.

中科院昆明植物研究所. 1973~2006. 云南植物志(第1~21卷). 北京: 科学出版社.

Wu CY，Raven PH，Hong DY. 1994~2013. *Flora of China* (Vol. 2~25). Beijing: Science Press; St. Louis: Missouri Botanical Garden Press.

中文名索引

拉丁名索引

注：标注为斜体的名称为异名